职业教育新目录、新技术、新形态系列教材
职业教育餐饮类专业系列教材

现代西点制作（下册）

现代面包制作

主　编　代玉华　李雪媛

電子工業出版社
Publishing House of Electronics Industry
北京·BEIJING

内容简介

本书由两个分册组成，上册介绍饼点与蛋糕制作，包括7个项目，分别为西点概述、混酥类点心、饼干类点心、蛋糕类点心、泡芙类点心、冷冻甜品、清酥类点心；下册介绍现代面包制作，包括6个项目，分别为软质面包、硬质面包、松质面包、脆皮面包、创意三明治、世界各国特色面包。本书内容丰富、结构完整、图文并茂，并配有同步教学视频，实用性强。

本书适合作为中等职业学校、五年制高等职业学校西餐烹饪专业的教学用书，也可以作为参加相关岗位培训人员的参考用书。

图书在版编目（CIP）数据

现代西点制作. 下册，现代面包制作 / 代玉华，李雪媛主编. —北京：电子工业出版社，2024.5

ISBN 978-7-121-47920-5

Ⅰ. ①现… Ⅱ. ①代… ②李… Ⅲ. ①面包－制作 Ⅳ. ① TS213.23

中国国家版本馆 CIP 数据核字（2024）第 107015 号

责任编辑：王志宇

印　　刷：天津千鹤文化传播有限公司

装　　订：天津千鹤文化传播有限公司

出版发行：电子工业出版社

　　　　　北京市海淀区万寿路 173 信箱　　　邮编：100036

开　　本：880×1230　1/16　　印张：14.5　　字数：325 千字

版　　次：2024 年 5 月第 1 版

印　　次：2024 年 10 月第 2 次印刷

定　　价：58.00 元（上、下册）

凡所购买电子工业出版社图书有缺损问题，请向购买书店调换。若书店售缺，请与本社发行部联系，联系及邮购电话：（010）88254888，88258888。

质量投诉请发邮件至 zlts@phei.com.cn，盗版侵权举报请发邮件至 dbqq@phei.com.cn。

本书咨询联系方式：（010）88254523，wangzy@phei.com.cn。

本书编写委员会

技术指导：曹继桐

主　　编：代玉华　李雪媛

副 主 编：左　欣　段志禹　郭禹婷

编写人员：郝致忠　孙　鹏　王巍烨　赵婉婷

薛景昆　张皓森　刘　扬

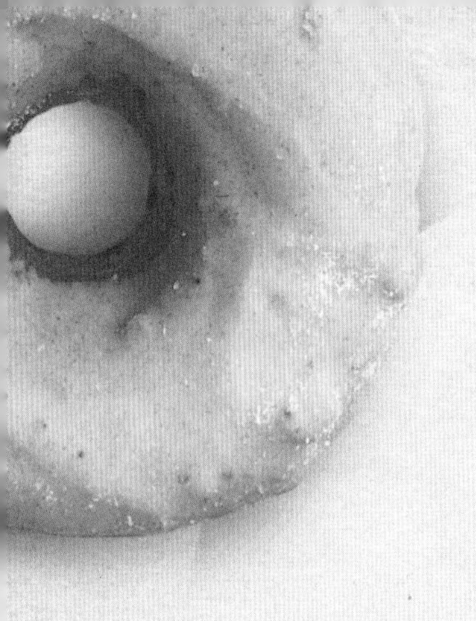

前　言

本书是中等职业学校西餐烹饪专业核心课程改革的新教材。

党的二十大报告明确提出，“全面贯彻党的教育方针，落实立德树人根本任务，培养德智体美劳全面发展的社会主义建设者和接班人”，“在全社会弘扬劳动精神、奋斗精神、奉献精神、创造精神、勤俭节约精神，培育时代新风新貌”。本书结合酒店西点厨房中的饼房和面包房岗位，设计了《饼点与蛋糕制作》及《现代面包制作》两个分册的学习项目和任务，在内容设计上突出一个“新”字，注重技术创新与当下网红产品的更新。本书突出“做中学”和“学中做”，将专业理论知识与技术技能有机结合，激发学生的学习兴趣。

本书重点关注学生的特点和行业要求，从西点制作的知识体系到各项目的实训操作，都有着完整的体例，集知识性、逻辑性、可操作性于一体。实训操作内容以项目教学为主线，阐述了西点制作的基本技术与工艺流程，使学生通过系统学习掌握制作饼点与蛋糕和面包的操作技能及创新意识，从而为胜任烘焙企业西点饼房和面包房岗位打下扎实的基础。

本书的编写以学生的发展为目标，利用丰富的资源，采用灵活多样的教学形式，重在培养学生的团队合作意识、创新意识、安全意识、责任意识、卫生标准意识等，潜移默化地提升学生的职业素养。本书实训涉及的面点品种在内容上不断创新，更加符合现代教学的需求。

本书分为《饼点与蛋糕制作》和《现代面包制作》两个分册。

《饼点与蛋糕制作》中，项目 1 西点概述、项目 5 泡芙类点心的文字部分由段志禹完成，项目 2 混酥类点心、项目 4 蛋糕类点心的文字部分由左欣完成，项目 3 饼干类点心的文字部分由薛景昆完成，项目 6 冷冻甜品的文字部分由刘扬完成，项目 7 清酥类点心的文字部分由郭禹婷完成；项目 2 混酥类点心、项目 6 冷冻甜品的视频部分由郭禹婷完成，其余项目

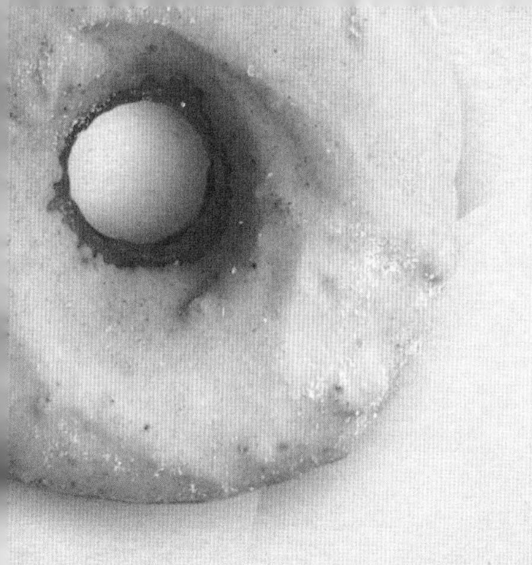

的视频部分均由代玉华完成。

《现代面包制作》中，项目 1 软质面包中任务 1.1 和任务 1.4 的文字部分由赵婉婷完成，项目 5 创意三明治的文字部分由张皓森完成，项目 6 世界各国特色面包中任务 6.1 的文字部分由郝致忠完成，其余文字部分均由李雪媛完成；项目 1 软质面包的视频部分由李雪媛完成，其余项目的视频部分均由北京市摸鱼文化传媒有限公司王巍烨完成。

在本书编写过程中，编者参阅了大量专家、学者的相关文献及网络资源，同时还得到了北京市曹继桐烘焙艺术馆曹继桐大师和孙鹏女士、世界面包大使团（中国区）罗明中先生、新疆生产建设兵团兴新职业技术学院王黎先生、广东省阳江市安心食光蛋糕店曾志丹女士的大力协助与支持，他们为本书提供了世界面包大赛的标准及部分产品的图片，在此一并表示感谢。

由于编者水平和时间有限，书中难免存在不足之处，敬请行业专家、同行及广大读者批评指正，以便我们再版时修改完善。

编　者

目 录

项目 1　软质面包

项目导入

软质面包是以高筋面粉、酵母、糖为主要原料，以鸡蛋、盐、黄油及果干等为辅料，加入水或牛奶搅拌制成面团，再经过松弛、成形、发酵、烘烤等工序制成的组织膨松、营养丰富、食用方法简便的食品。

软质面包是依据面包的质感进行分类的一类面包，它具有质地松软、结构疏松、含水量较高、体积膨大、富有弹性的特点，是目前国内的主流面包。

制作软质面包是学习面包制作的基础，通常采用直接发酵法、汤种法等进行发酵，操作简单。软质面包的品种丰富，主要包括汉堡包坯、吐司面包、调理面包等。

本项目分为 4 个任务，讲述了日式红豆面包（Japanese Red Bean Bread）、奶油果酱蛋糕卷面包（Cake and Bread with Cream and Jam）、奥利奥奶酪包（Oreo Cream Bread）、甜甜圈（Doughnut）的制作方法。

任务1.1　日式红豆面包制作

日式红豆面包是一款传统的日式面包，起源于1874年，有着150年的历史，是由现在的面包连锁店——木村屋的创始人木村英三郎创造出的酒种面包。最初日本没有欧洲做面包用的那种酵母，于是木村英三郎便使用用于制作和菓（果）子点心的“酒馒头”的酒种来做面包，制作出了木村屋独具酒酿甜香的风味面包。他又将面包馅改为大众爱吃的红豆馅，从此酒种红豆面包成为木村屋的招牌产品。

木村英三郎亲自把酒种红豆面包进贡给明治天皇，并在面包上点缀了盐渍樱花，以表达美好的祝愿。盐渍樱花能中和红豆的甜味，使面包吃起来有种特别的风味。从此明治天皇便爱上了酒种红豆面包，酒种红豆面包因此享誉日本。

日式红豆面包深受亚洲消费者的喜爱，当代的烘焙师不再以酒酿进行发酵，而用酵母，提高了发酵速度，并将外表装饰变成了芝麻、杏仁片等。

日式红豆面包成品如图1-1所示。扫描图片右侧二维码可以观看制作视频。

图1-1　日式红豆面包成品

日式红豆面包制作

1. 任务目标

（1）了解日式红豆面包的来历及所使用的原料。

（2）掌握制作日式红豆面包的工艺流程和发酵工艺。

（3）熟练掌握日式红豆面包的成形制作与装饰技巧。

2. 知识学习

面包是以面粉、水、盐、酵母或膨松剂为基本原料，经调制、发酵、烘烤、冷却等工艺制成的食品，是西餐中的主食。

面包的品种繁多，按面包本身的质感和风味特点，可以将面包分为软质面包、硬质面包、松质面包和脆皮面包。

通常面包制作的基本流程有以下 11 个步骤。

（1）称料：所有原料都要按照面包的配方称重，不能估计。

（2）搅拌面团：将所有原料按照先后顺序放入和面机内，搅拌成面团的环节。这一步骤又分为 5 个阶段。

①面团粗糙阶段：将干、湿原料混合后加水进行搅拌，形成粗糙的面块，无弹性，一拉就断。

②面筋生成阶段：分别加入盐和黄油搅拌均匀，使面筋中的蛋白质在机械作用力下由卷曲变为伸展状态，并形成湿面筋，有一定的弹性和筋力，可以轻微拉长缓慢断裂。

③面筋扩展阶段：面筋进一步延伸、扩展，面团逐步变得光滑细腻，表面出现光泽，弹性佳，有回缩，轻轻拉开，可以出现略厚的手套膜，捅破后，边缘有锯齿，此时面团状态较佳。制作风味面包可以在此阶段加入干果，搅拌均匀即可。初、中级烘焙师在此阶段可以进行面包后面工序的操作。

④面筋完成阶段：在和面机的推、拉、揉、翻作用下，面团中的面筋形成立体的网络结构，这是面包的“骨架”和保气能力的基础。此时，面团非常光滑、柔软、不黏手，具有良好的弹性和韧性。拉开面团，轻松出现手套膜，捅破后，边缘光滑。高级烘焙师可以在此阶段进行面包后面工序的操作。这个阶段的维持时间较短，面团会逐渐变得黏手、弹性下降，直接影响操作。

⑤面筋过渡阶段：面团表面光亮油润，变得黏手，用手拉起面团有较强的延伸性，失去弹性，烤出的面包在膨胀状态会出现塌陷。此阶段的面团最好不要做面包，避免浪费，可以当作老面。

（3）基本发酵（松弛）：搅拌好的面团进入初步发酵的环节。用塑料布或保鲜膜盖严，温度一般控制在 28℃～35℃。在夏秋季节可以采用常温发酵，时间为 30～60 分钟。

（4）分割和滚圆：将初步发酵好的面团按产品的重量进行分割的环节。将面团按所需重量分割成小剂子，并将小剂子揉搓出光滑的表面，以利于气体的保存和后期操作。

（5）中间发酵（松弛）：将小剂子再次进行发酵的环节。盖上塑料布或保鲜膜，防止表皮干硬，放置 20 ～ 30 分钟。发酵会产生新的气体，使小剂子的表面膨松光滑，小剂子变得松软、有弹性。

（6）成形：将小剂子按照需求做成相应形状的环节。将小剂子做成需求的形状，带馅的制品要先包馅料，再做成相应形状。

（7）最后发酵（醒发）：面包生坯入醒发箱进行最后发酵的环节。将做好的面包生坯放在温暖的环境中静置发酵，酵母在 25℃～ 35℃的环境内会大量产气，使面团体积膨胀。醒发箱的温度一般为 28℃～ 38℃，相对湿度为 70% ～ 85%，时间视制品的大小和状态而定，一般为 40 ～ 90 分钟，通常体积会增长 1 ～ 1.5 倍。

（8）装饰：对发酵好的面包表面进行美化的环节。这一环节能使面包烘烤后表面有漂亮的色彩和光泽。装饰分为两种：烤前装饰和烤后装饰。烤前装饰通常使用的是鸡蛋、牛奶、果酱、芝麻、杏仁、面粉等；烤后装饰通常使用的是水果、酱料、巧克力、防潮糖粉等。

（9）烘烤：将面包烘烤成熟的环节。将面包生坯放入预热好的烤箱或烤炉中加热熟制，烘烤时，面包中的气体受热膨胀，淀粉开始糊化，蛋白质受热后凝固，面包成熟定型，并产生香气和色泽。烘烤温度为 180℃～ 220℃，下火比上火低 20℃左右，视制品大小确定时间，一般为 12 ～ 35 分钟。

（10）冷却：面包烘烤后放在晾网上静置的环节。在冷却过程中，面包温度下降，热气逐渐散出，水分变得均衡，食用时口感松软且不会发黏。面包内部的气孔结构组织得到定型，乙醇气味气化，各种香味相互融合，口感达到最佳状态。

（11）包装：将面包进行保湿、保质的环节。刚烘烤好的面包要进行冷却放置。当表皮温度降至 32℃以后再进行包装，可以保证面包的柔软度，延长保质期。刚烘烤后的面包不能马上包装，因为面包内部的温度较高，气孔结构组织没有定型，易造成塌陷和变形，内部热气散发产生的水汽会凝结成水珠附着在面包表面或袋内，影响面包的口感。

3. 任务导入

初步掌握日式红豆面包的制作工艺，能够根据配方和操作步骤制作日式红豆面包。

4. 任务实施

1）产品配方

日式红豆面包的配方如表 1-1 所示。

表 1-1　日式红豆面包的配方

原料名称	数　量	图　示
面包		
高筋面粉	500 克	
砂糖	100 克	
酵母	5 克	
鸡蛋	50 克	
水	250 克	
奶粉	20 克	
黄油	40 克	
盐	5 克	
红豆馅	600 克	
装饰		
鸡蛋	50 克	
白芝麻	30 克	
速溶吉士粉	40 克	
水	120 克	
核桃仁	50 克	

2）工艺流程

搅拌面团→加盐黄油→检验筋膜→松弛面团→分割馅心→分割滚圆→中间发酵→成形制作→最后发酵→烤前装饰→烘烤成熟→冷却包装→成品。

3）操作步骤

日式红豆面包操作步骤一览表如表 1-2 所示。

表 1-2　日式红豆面包操作步骤一览表

步　骤	制作方法	图　示
搅拌面团	将高筋面粉、砂糖、酵母、奶粉搅拌均匀，再放入鸡蛋、水慢速搅拌成粗糙面团	
加盐黄油	将盐、黄油分别加入面团中，先慢速搅拌均匀再中高速搅拌	

续表

步　骤	制作方法	图　示
检验筋膜	将面团搅拌至扩展阶段接近完成阶段，能拉出手套膜即可	
松弛面团	将面团取出，整理光滑后放到烤盘内，盖上保鲜膜静置，常温松弛 20 ～ 30 分钟	
分割馅心	将红豆馅分成 50 克 / 份，揉搓成圆球后冷藏备用	
分割滚圆	将面团分成 80 克 / 份的小剂子，并滚圆成光滑的面团，码放在烤盘内	
中间发酵	将滚圆后的小剂子盖上保鲜膜，放置 20 ～ 30 分钟，让面团继续发酵	
成形制作	将面团按扁排气，光滑面在下，包入馅心，包严后口向下码入烤盘，在面包的 1/3 处刷上鸡蛋液，沾上白芝麻	
最后发酵	将初期装饰好的面包生坯放到醒发箱中进行最后发酵，醒发箱温度为 35℃、湿度为 75% ～ 85%，时间为 40 ～ 60 分钟	
烤前装饰	醒发后的面包体积比原来增大了 1 倍左右，取出稍晾，用擀面杖在面包生坯的中间压出小坑，表面刷鸡蛋液，挤上吉士酱（速溶吉士粉兑水），最后点缀上核桃仁做装饰	
烘烤成熟	预热烤箱，以上火 200℃～ 210℃、下火 180℃烘烤 12 ～ 15 分钟，表面呈棕红色即可出炉	

续表

步　骤	制作方法	图　示
冷却包装	待成品出炉后自然冷却，进行包装	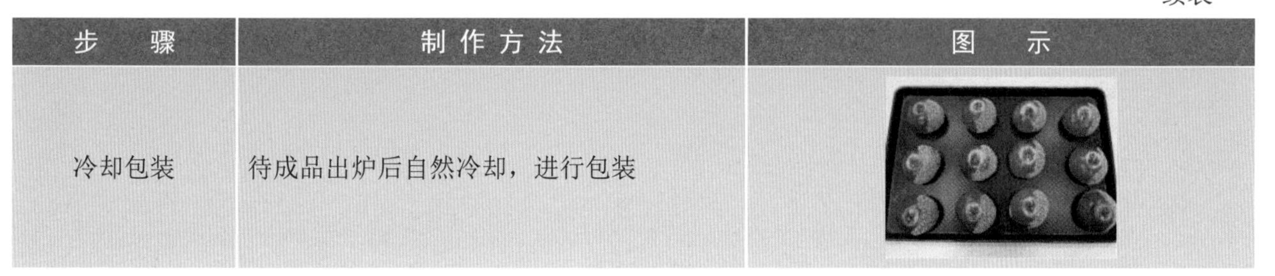
产品特点	色泽金黄或棕红，松软香甜	

5. 指点迷津

（1）装饰日式红豆面包最简单的方法是在表面撒黑芝麻、白芝麻或杏仁片等。

（2）做日式红豆面包时将红豆馅换成其他馅料，就可以衍生出新的产品，如奶黄或椰蓉馅等。

6. 任务评价

通过本任务的学习，填写任务评价表，如表 1-3 所示。

表 1-3　任务评价表

项　目	自我评价			小组评价	教师评价
	A	B	C		
市场调研					
同类产品					
实践任务					

7. 学习与巩固

（1）面包的制作流程分为称料、________、基本发酵、________、中间发酵、成形、________、________、________、________和包装。

（2）装饰日式红豆面包最简单的方法是在表面撒______、______或______等。

任务 1.2　奶油果酱蛋糕卷面包制作

奶油果酱蛋糕卷面包是一款蛋糕和面包的创新组合产品，外层面包松软香甜，内部蛋糕绵软细腻，唇齿间夹杂着绵密的奶油奶酪酱，伴有果酱的酸甜，一口下去，多种口味融合在一起，让人回味无穷。

此款产品做工复杂，首先要进行蛋糕的制作，然后进行果酱蛋糕卷的制作，再将其放在搓好的面包条上，捏紧整形，一同发酵烘烤，烘烤后冷却，每两圈面包切开为一个成品，之后将面包中间切开挤入奶油奶酪酱，最后点缀水果和防潮糖粉进行装饰。

奶油果酱蛋糕卷面包成品如图 1-2 所示。扫描图片右侧二维码可以观看制作视频。

图 1-2　奶油果酱蛋糕卷面包成品

奶油果酱蛋糕卷面包制作

1. 任务目标

（1）了解制作奶油果酱蛋糕卷面包所使用的原料。

（2）掌握制作奶油果酱蛋糕卷面包的工艺流程。

（3）熟练掌握奶油果酱蛋糕卷面包的成形制作和装饰技巧。

2. 知识学习

面包的发酵是指通过酵母菌生命活动中产生的二氧化碳，使面团膨胀的过程。发酵的过程中还会有乙醇释放出来，为面包增添特殊风味。随着面包制作技术的不断发展，面包的发酵方法逐渐演变成 5 种：快速发酵法、直接发酵法、二次发酵法、隔夜面种法和汤种法。

（1）快速发酵法又称快速法，是指将所有制作面包的原料一次调成面团，发酵时间很短（20 ～ 30 分钟）或根本没有发酵时间的方法。整个制作过程只需 1 ～ 2 个小时。使用快速发酵法能在短时间内快速完成有紧急需求的面包，多以加大酵母量来提高发酵速度。这种方法虽然快，但面团易老化，体积小；质地粗糙，膨胀效果不佳；口感差，缺少面包应有的松软及芳香，如酵母版的司康饼。

（2）直接发酵法又称直接法、一次发酵法，是指将配方的原料按先后次序放入和面机内调成面团，然后按照面包制作流程完成面包加工的方法。整个过程需要 3 ～ 5 个小时。此种方法制作出的面包富有浓郁的麦香味，面包也易于老化，主要受发酵时间、空间等因素的影响，如汉堡包坯、红豆包等。

（3）二次发酵法又称中种发酵法或中种法，是指要进行两次面团搅拌、两次发酵的方法。第一次搅拌的面团称作“种面团”。“种面团”中只有面粉、酵母、水，制作时只需搅拌均匀即可，不需要搅拌出面筋质。“种面团”发酵至原体积的 1.5 倍至 2 倍左右（面团检验：用食指蘸取少量面粉，轻轻插入发酵好的面团正中，再抽回，面团不回缩，表明已发酵完成；如果按压过程中有一些阻力，回弹快速，说明发酵不够；如果按压过程很轻松，手指抽回后，孔洞边缘伴有塌陷，说明发酵过度）后，将其与其他面包原料放在一起，按照直接发酵法操作流程完成面包的制作。此种方法制作的面包体积膨大、内部组织细密、柔软、富有弹性、保质期长、有小麦香味，如吐司面包等。

（4）隔夜面种法是指提前一天或多天制作好面种，常温发酵 1 ～ 4 小时后，放入冰箱进行低温发酵。这种隔夜面种有固态和半液态两种，常见的隔夜面种有法国老面、波兰种、鲁邦种等。此种方法制作的面包体积膨松、气孔均匀、弹性佳、面包老化时间较长，风味更佳，如法棍、恰巴塔等硬质面包。

（5）汤种法又称烫种法，是指将水先加热到 65℃以上，再倒入面粉进行搅拌，使其成为一种浆料或面团，冷却后直接使用或放入冰箱隔夜使用，其保质期只有 3 天。面粉中的淀粉在 65℃以上会糊化，淀粉糊化后会变得黏稠，蛋白质含量降低，可塑性变大，吸水量加大。汤种法制作出来的面包会更加柔软。面包制作流程同直接发酵法一致。

3. 任务导入

熟练掌握奶油果酱蛋糕卷面包的制作工艺，能够根据配方和操作步骤制作奶油果酱蛋糕卷面包。

4. 任务实施

1）产品配方

奶油果酱蛋糕卷面包的配方如表 1-4 所示。

表 1-4　奶油果酱蛋糕卷面包的配方

原料名称	数量	图示
蛋糕卷		
低筋面粉	40 克	
糯米粉	10 克	
鸡蛋	200 克	
砂糖	40 克	
色拉油	40 克	
牛奶	40 克	
果酱	50 克	

续表

原料名称	数量	图示
面包		
高筋面粉	150 克	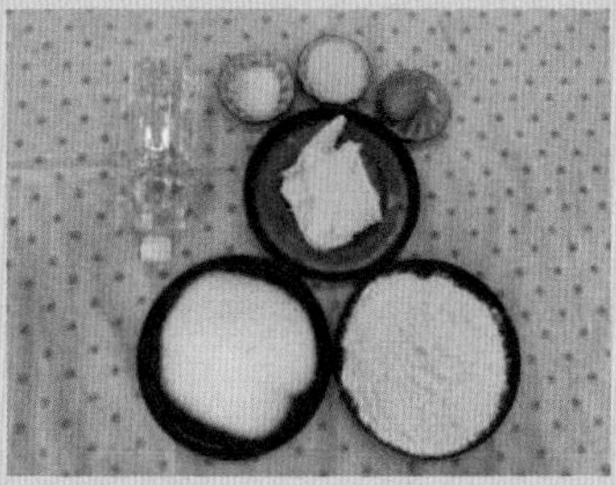
砂糖	50 克	
酵母	3 克	
鸡蛋	20 克	
水	125 克	
黄油	20 克	
盐	2 克	
装饰		
奶油奶酪	100 克	
淡奶油	100 克	
砂糖	30 克	
防潮糖粉	5 克	
鸡蛋	50 克	
时令水果	50 克	

2）工艺流程

（1）蛋糕卷制作：分离鸡蛋→加热浆料→加入粉料→加入蛋黄→搅打蛋白→混合浆料→烘烤蛋糕→抹酱卷制。

（2）奶油果酱蛋糕卷面包制作：搅拌面团→加盐黄油→检验筋膜→松弛面团→分割滚圆→搓条排列→固定捏好→成形发酵→制作酱料→烤前装饰→烘烤成熟→面包改刀→挤入酱料→烤后装饰→成品。

3）操作步骤

（1）蛋糕卷操作步骤一览表如表 1-5 所示。

表 1-5　蛋糕卷操作步骤一览表

步骤	制作方法	图示
分离鸡蛋	将蛋白、蛋黄分开（用具要求无水、无油）	
加热浆料	将牛奶、色拉油放在电磁炉上加热，盆边牛奶开始冒泡（70℃左右）后离火	

续表

步　骤	制 作 方 法	图　示
加入粉料	加入低筋面粉、糯米粉，搅拌均匀	
加入蛋黄	分 2 ～ 3 次加入蛋黄，搅拌均匀	
搅打蛋白	将蛋白搅打出气泡，分 3 次加入砂糖，搅打至形成弯钩状（公鸡尾状）	
混合浆料	取 1/3 的蛋白浆料与蛋黄浆料混合均匀，再分两次将蛋白浆料与蛋黄浆料全部混合均匀	
烘烤蛋糕	把混合好的浆料倒在铺好油纸的烤盘里，抹平；放入烤箱烘烤，以上火 200℃、下火 180℃烤制 12 ～ 15 分钟，表面呈金黄色即可	
抹酱卷制	将蛋糕放在晾网上自然冷却，倒扣在油纸上撕去垫纸，再将蛋糕翻转过来；将果酱倒在蛋糕片上均匀地抹上一层；顺势卷成卷，蛋糕卷紧实不空心，备用	

（2）奶油果酱蛋糕卷面包操作步骤一览表如表 1-6 所示。

表 1-6　奶油果酱蛋糕卷面包操作步骤一览表

步　骤	制 作 方 法	图　示
搅拌面团	将高筋面粉、鸡蛋、砂糖、酵母倒入和面机内，先搅拌均匀，再逐步加入常温水（夏、秋季用冰水），低速搅拌成粗糙面团	

续表

步　骤	制作方法	图　示
加盐黄油	先加入盐搅拌均匀后，再加入黄油低速搅拌均匀	
检验筋膜	将面团中速搅拌至扩展阶段，能拉出手套膜即可	
松弛面团	将面团放在撒过高筋面粉的烤盘内，盖上保鲜膜，常温松弛 20 ～ 30 分钟	
分割滚圆	将松弛好的面团分割成 50 克 / 份的小剂子，并滚圆	
搓条排列	取一个面团按扁排气，将面团上面的 1/3 部分向下压，倒转过来，再将上面的 1/3 部分向下压，最后对折压实，搓成长 25 厘米的细条；8 个细条为一组，收口向上，依次排列，间距一致	
固定捏好	将蛋糕卷收口向上放在排列好的细条上，将细条的两端对着蛋糕的收口处捏紧，依次捏完	
成形发酵	将捏紧的面包生坯翻扣在烤盘上；放入醒发箱进行最后的发酵（醒发箱温度为 35℃，湿度为 80%），40 ～ 60 分钟即可	

续表

步　骤	制作方法	图　示
制作酱料	将奶油奶酪加热后，加入砂糖搅拌成膏状，再逐渐加入淡奶油继续搅拌成细腻的膏体，放入冰箱冷藏	
烤前装饰	发酵好的面包体积膨胀了 1.5 倍，细条把蛋糕全部裹严了；在面包坯表面刷上鸡蛋液进行装饰	
烘烤成熟	将面包坯放入烤箱中，以上火 200℃、下火 180℃烘烤 15 分钟，表面至棕黄色即可；将面包及时取出放在晾网上冷却	
面包改刀	将冷却后的面包，两圈分为一组切开；在面包中间的缝隙处切开至面包体的 2/3 处	
挤入酱料	将奶油奶酪酱装入裱花袋中，挤在面包中间	
烤后装饰	在酱料上点缀上时令水果，表面撒上防潮糖粉完成装饰	
产品特点	色泽金黄，面包松软香甜，蛋糕绵软细腻	

5. 指点迷津

（1）制作蛋糕时，搅打蛋白的用具必须无水、无油。

（2）面包细条卷制蛋糕卷时，两者的收口要一致，细条的间距要一致，为后面的切割装饰做准备。

6. 任务评价

通过本任务的学习，填写任务评价表，如表 1-7 所示。

表 1-7　任务评价表

项　目	自我评价			小组评价	教师评价
	A	B	C		
市场调研					
同类产品					
实践任务					

7. 学习与巩固

（1）制作蛋糕时要求用具 ________；蛋糕卷制要求 ________。

（2）面包细条卷制蛋糕卷时，要求收口要 ________，细条的间距要 ________。

任务 1.3　奥利奥奶酪包制作

奥利奥奶酪包是一款网红产品，是在面团中添加了黑芝麻粉和可可粉，并在表面装饰有酥粒，经过烘烤冷却后，将表面切开挤入奶油奶酪酱、夹入奥利奥饼干制作而成的。此款产品的面团中加入了老面，提高了发酵速度，增强了面团的筋力，延迟了面包的老化时间，使面包更加松软。奥利奥奶酪包的酱料软糯再加上奥利奥饼干的酥脆，形成了多层次的口感，好吃到停不下来。

现在奥利奥奶酪包在大部分店铺都有销售，还增加了草莓口味、抹茶口味，深受年轻人的喜爱。

奥利奥奶酪包成品如图 1-3 所示。扫描图片右侧二维码可以观看制作视频。

图 1-3　奥利奥奶酪包成品

奥利奥奶酪包制作

1. 任务目标

（1）了解制作奥利奥奶酪包所使用的原料。

（2）掌握制作奥利奥奶酪包的工艺流程和发酵工艺。

（3）熟练掌握奥利奥奶酪包的成形制作和装饰技巧。

2. 知识学习

1）什么是天然酵母

天然酵母是指自然界中谷物、水果等表面附着的菌类和微生物遇到适宜的温度、水分就能自然分解、发酵产生酵母菌、乳酸菌及杂菌，对人体无害。例如，小麦、玉米、苹果、葡萄、桂圆等天然食材，经过简单的加工处理，放在水中密闭几天后，就可以提取出天然酵母液。

2）什么是天然酵种

天然酵种是指将面粉和水混合起来，加入天然酵母液或酵种固态物，以密闭的形式保存进行发酵制成的酵种。这种酵种有两种形式：一种是“液种”，水和面粉的比例是 1∶1；另一种是“固种”，即常见的“老面”，水和面粉的比例是 2∶1。制好的酵种可以放在阴凉的地方或冰箱里储存，随取随用，同时再按照比例补充进去水和面粉，搅拌均匀，它们会继续发酵生成新的酵种。如果不间断地使用和补充，则可以延续上百年。

老面是形成发酵风味的重要食材，近几年用老面制作的面包开始流行起来，但是制作起来十分复杂，很多步骤要凭借经验来判断。

老面的制作步骤：

（1）将面粉、酵母、水混合，搅拌均匀；

（2）室温发酵 2 小时以上，入冰箱冷藏 12 小时以上。

根据需要，可以提前 1 ～ 2 天制作老面。

3）为什么使用天然酵种制作面包

天然酵种富含多种酵母菌及微生物，营养丰富。使用天然酵种制作的面包，味道丰富且有层次，但天然酵种发酵的速度较慢、耗时较长。

首先，天然酵种因为发酵速度较慢、耗时较长，面团的筋力可以靠长时间浸泡和多次折叠来提高，而且酶及乳酸菌有充足的时间产生糖和酸性，所以成品的组织和质地最自然，原料中的香味也可以最大限度地被激发出来。

其次，天然酵种具有独特的味道。天然酵种可能经过几周、几年甚至几十年的培养，酵种内已形成了稳定且独特的微生物环境，这种环境成就了酵种复杂、微酸的味道。这种味道与面包原料的味道相辅相成，使成品的味道富有层次，令人回味无穷。

第三，天然酵母由多种菌群培育而成，所以在烘烤的时候，每种菌群都会散发出属于自己的味道，让面包的风味更加多样化。使用天然酵种制作的面包耗时长、保质期也长。面包制作有一个规律，发酵越快的面包老化得越快，因此费时的天然酵种面包可以保存较长时间。

4）手把手教你制作天然酵种

制作天然酵种包括两个步骤：天然酵母取种；天然酵种（老面）的培养。

（1）天然酵母取种方法如表 1-8 所示。

表 1-8　天然酵母取种方法

原料		制 作 方 法	环境要求
葡萄干（洗净） 纯净水（蒸馏水） 砂糖 啤酒花颗粒	250 克 1250 克 20 克 2 克	将原料放入桶内浸泡，每天搅拌 1 次。 5 ～ 7 日后，水中有很多气泡，并且有浓厚的酒香味道	环境温度为 28℃～ 30℃

（2）天然酵种（老面）的培养如表 1-9 所示。

表 1-9　天然酵种（老面）的培养

原料		制 作 方 法	环境要求
葡萄酵素 高筋面粉 常温水	500 克 1100 克 520 克	第一天，取葡萄酵素水（过滤）500 克，高筋面粉 500 克，在容器中搅拌成面糊，发酵一天； 第二天，高筋面粉 200 克，常温水 200 克，搅拌均匀后兑入第一天的面糊中； 第三天，高筋面粉 200 克，常温水 160 克，搅拌均匀后兑入第二天的面糊中； 第四天，高筋面粉 200 克，常温水 160 克，搅拌均匀后兑入第三天的面糊中； 多次醒发后面糊逐渐变酸，pH 保持在 4.2 ～ 4.5 即可； 后期放入低温 12℃～ 15℃的环境中，慢速发酵	前期环境温度为 20℃～ 22℃，后期环境温为 12℃～ 15℃

制作天然酵种（老面）的注意事项具体如下。

①要根据使用数量，及时补充面糊，观测 pH 的变化。

②后期添加的是 200 克高筋面粉和 160 克水混合的面糊，发酵过程中面糊的浓度会发生变化。

③ pH 的范围要通过温度的高低来调节。酸度不够时，适当提高温度，达标后再转为低温储存。

3. 任务导入

熟练掌握奥利奥奶酪包的制作工艺，能够根据配方和操作步骤制作奥利奥奶酪包。

4. 任务实施

1）产品配方

奥利奥奶酪包的配方如表 1-10 所示。

表 1-10　奥利奥奶酪包的配方

原料名称	数　量	图　示
老面		
高筋面粉	75 克	
水	75 克	
酵母	1 克	
面包		
高筋面粉	480 克	
砂糖	90 克	
酵母	6 克	
鸡蛋	20 克	
牛奶	300 克	
黄油	50 克	
盐	5 克	
黑芝麻粉	50 克	
可可粉	15 克	
奶粉	20 克	
装饰酥粒		
黄油	50 克	
糖粉	50 克	
可可粉	2 克	
低筋面粉	50 克	
奥利奥奶酪酱		
奶油奶酪	200 克	
防潮糖粉	50 克	
淡奶油	100 克	
奥利奥饼干	40 克	

2）工艺流程

制作老面→搅拌面团→加盐黄油→分割滚圆→制作酥粒→面包成形→装饰面包→最后发酵→烘烤面包→制作酱料→面包加工→面包挤酱→成品。

3）操作步骤

奥利奥奶酪包操作步骤一览表如表 1-11 所示。

表 1-11　奥利奥奶酪包操作步骤一览表

步　骤	制作方法	图　示
制作老面	将高筋面粉、酵母和水搅拌成面团，发酵 2 小时后，放入冰箱冷藏一夜	
搅拌面团	将制作面包的原料（除黄油、盐外）一起倒入和面机中，加入老面一起搅拌成粗糙面团	
加盐黄油	分别加入盐和黄油搅拌至扩展阶段，可以拉出手套膜即可；取出面团盖上保鲜膜放在烤盘中，松弛 20 分钟	
分割滚圆	将面团分割成 100 克 / 份的小剂子，滚圆后盖上保鲜膜，发酵 20 分钟	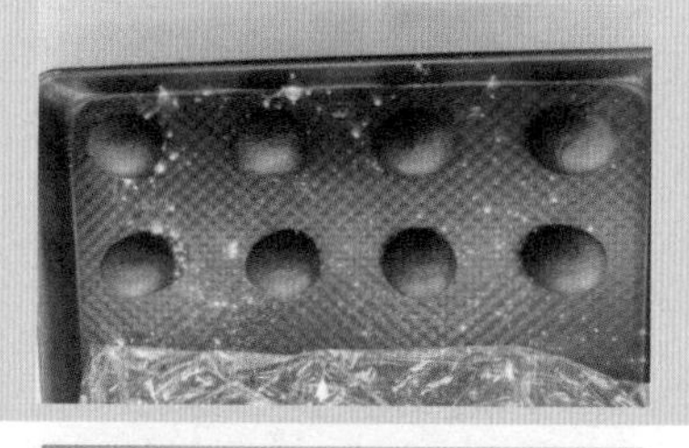
制作酥粒	将低筋面粉、黄油、糖粉、可可粉放在一起，轻轻揉搓成均匀的小颗粒，冷藏备用	
面包成形	把面团按扁排气，光面在下，擀成椭圆形，先折下 1/3，压实，再掉转过来，压下 1/3，最后对折压实，搓成 25 厘米的长条形，即面包生坯	

续表

步　骤	制作方法	图　示
装饰面包	将面包生坯在带水的湿布上滚动，表面湿润后再滚沾一层酥粒	
最后发酵	将沾好酥粒的面包生坯码入烤盘中，入醒发箱，以温度 35℃、湿度 75% 发酵 50 分钟左右	
烘烤面包	此时面包生坯体积膨胀了 1.5 倍左右，入炉烘烤，上下火均为 170 ℃烘烤 15 ～ 18 分钟，出炉冷却	
制作酱料	将奶油奶酪加热后，混合淡奶油搅拌成细腻的膏状，加入奥利奥饼干碎并搅拌均匀，放入冰箱冷藏后倒入挤袋中	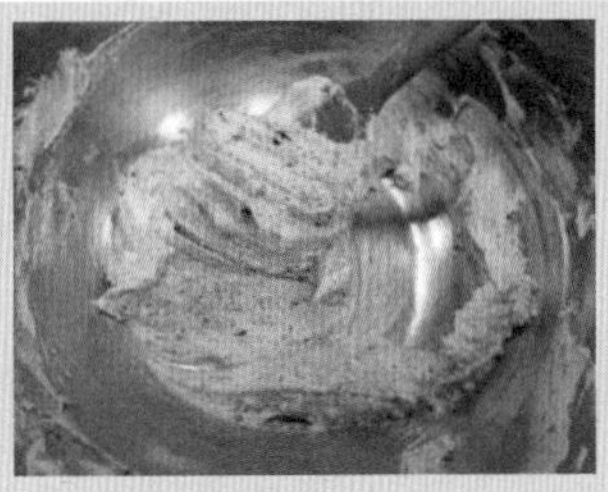
面包加工	将冷却后的面包表面切成“一”字口；深度至面包体的一半	
面包挤酱	将奶油奶酪酱顺着刀口挤成螺旋状后，点缀奥利奥饼干，最后在面包表面筛防潮糖粉完成装饰	
产品特点	色泽棕黑，绵软香甜，饼干酥脆	

5. 指点迷津

（1）制作装饰酥粒时要轻轻揉搓成小颗粒，如果用力揉搓就会使面粉和黄油形成面团。

（2）面包生坯滚动沾水时水分要多，否则酥粒沾不紧易脱落。

（3）面包口味可以随自己喜欢任意变换，置换的粉料为 5% ～ 10%。

6. 任务评价

通过本任务的学习，填写任务评价表，如表 1-12 所示。

表 1-12　任务评价表

项　目	自我评价			小组评价	教师评价
	A	B	C		
市场调研 同类产品					
实践任务					

7. 学习与巩固

（1）制作隔夜面种需要将 _______、_______、_______ 搅拌成面团后，发酵 _______。

（2）面包生坯要在 ________ 滚动，表面湿润后再滚沾 ________。

任务 1.4　甜甜圈制作

甜甜圈，又称多拿滋、唐纳滋，它是一种用面粉、酵母、砂糖、奶油和鸡蛋混合后经过搅拌、松弛、整形、发酵、油炸的一种甜食。最常见的形状有两种：一种是中空的环形，油炸后表面沾有砂糖、巧克力等；第二种是在面团中间包入奶油、卡仕达酱、巧克力等香甜馅料的封闭型甜甜圈。

在古罗马时期就出现了油炸面团的做法，中东地区亦有类似甜食，叫作 Zalabia。后来做法在英国、德国及北欧等地区流行开来，又被荷兰人带到美国。

甜甜圈在美国得到发扬，已成为美国面包的代表产品，深受人们的喜爱，基本所有甜品店或快餐店都有出售。很多美国人将甜甜圈作为早餐的主食，还设立了“甜甜圈日”。

随着产品的热销，亚洲出现了甜甜圈单品店。常见的两种形状依然存在，更多的是在中空环形的表面装饰上下功夫，将蛋糕的多种装饰技巧运用其中，使其花色繁多、装饰靓丽，深受年轻人的喜爱。

甜甜圈成品如图 1-4 所示。扫描图片右侧二维码可以观看制作视频。

甜甜圈制作

图 1-4 甜甜圈成品

1. 任务目标

（1）了解甜甜圈的来历及所使用的原料。

（2）掌握制作甜甜圈的工艺流程和成形方法。

（3）掌握用水浴法溶化巧克力。

（4）掌握甜甜圈的装饰技巧。

2. 知识学习

酵母是制作面包不可缺少的重要原料之一，是一种生物膨松剂。酵母犹如面包的灵魂，把酵母掌控好，面包就成功了大半，因为它直接影响着面包的颜值、口感与香气。

酵母菌是一种活跃的单细胞微生物和兼性厌氧菌。它在有氧和无氧条件下都能够存活，是一种天然发酵剂。把酵母与面粉和水放在一起时，它能吸收面粉中的碳水化合物（糖），产生乙醇及二氧化碳，因此面包烤制后会变得松软可口。

酵母本身就是一种非常健康的食材，含有蛋白质、维生素 B 族和无机盐等。

1）酵母的种类

目前面包生产中常用的酵母有两类：天然酵母和商业酵母。

（1）天然酵母——鲜酵母。鲜酵母又称压榨酵母，它是一种天然的、营养价值很高的单细胞微生物，富含蛋白质、多种维生素和矿物质，是一种食品辅料而并非食品添加剂。鲜酵母是酵母菌种经培养、扩大、繁殖、分离、压榨而成的块状产品，它的固形物含量一般为 33% ～ 35%，同时其含水量非常高（71% ～ 73%），颜色为乳白色或灰白色，必须在 -4℃ ～ 4℃的冰箱或冷库中冷藏保存。

目前，市场上销售的鲜酵母质量稳定，发酵耐力强、后劲大，入炉膨胀好，使用其制作的面包体积大、风味好。

①鲜酵母的两种使用方法：制作发酵制品时，将面粉及各种辅料放入和面机后，将鲜酵

母直接揉碎均匀地撒在面粉中，待充分搅拌均匀后，再加水搅拌，直至面筋生成；将鲜酵母揉碎后加水（一般100ml即可）溶解，水温根据季节而调整，冬季水温不能超过30℃，否则会导致酵母活性降低，影响发酵效果。

②鲜酵母的储存方法。为了确保鲜酵母稳定的活力，应当将其冷藏在 -4～4℃的冰箱或冷库中。开封后的鲜酵母密封置于冷冻室中，可储存1个月以上。冷冻储存前建议先分割成若干小份，再进行密封冷冻，这样取用比较方便。使用时用水化开即可。

（2）商业酵母——活性干酵母。目前使用的活性干酵母是由鲜酵母经低温干燥制成的褐色小颗粒，也称即发干酵母、速溶干酵母，它具有活性高、稳定、发酵速度快、使用方便、无须低温冷藏等特点。

2）酵母的选择和使用

酵母的选择和使用是否正确，直接关系到面团能否正常发酵和发酵制品的质量。正确使用酵母的原则是在制品生产过程中要保持酵母的活性，每道工序都要有利于酵母的充分发酵。

（1）酵母的选择。制作面包时，酵母的发酵耐力越强、后劲越大，面包的体积就越疏松、越有弹性。如果酵母发酵的耐力差、后劲小，则面包的体积小，组织紧密，缺乏弹性，面团在醒发过程中易塌陷。

活性干酵母适用于快速发酵法，也可以用直接发酵法和二次发酵法，但发酵效果不如鲜酵母。

由于活性干酵母采用真空、密封包装，其复合铝箔袋应坚硬。如果包装袋变软，说明已有空气进入袋内，将影响和降低酵母的活性。

（2）酵母的使用。

酵母对温度的变化很敏感，它的生命活动与温度息息相关，活性和耐力也会随着温度的变化而改变。影响酵母活性的关键工序之一是搅拌。在搅拌过程中，面团的温度会升高，因此要根据季节变化调整水温来控制面团的温度。

①冬、春季节多用20℃～30℃的水来搅拌，酵母可直接添加到水中。这样既保证了酵母在面团中均匀分散，又起到了活化作用。

②夏、秋季节多用0～10℃的冷水搅拌，在这两个季节应先将酵母拌入面粉中再投入和面机进行搅拌，这样可以避免面团在搅拌过程中温度过高，从而使酵母失去活性。

③在搅拌过程中，添加酵母时要尽量避免直接接触到糖、盐等高渗透压物质。

（3）酵母的用量

酵母的用量与酵母种类、发酵工艺、产品配方、面粉筋力、季节温度、面团软硬度等多种因素有关，在实际生产中应根据具体情况来调整。

①酵母种类：酵母的种类不同，发酵力、产气能力会有所不同，使用量也就不同。

②发酵工艺：发酵次数越多，酵母用量越少，反之越多。因此，快速发酵法用量最多。

③产品配方：辅料越多，特别是糖、盐的用量越多，对酵母产生的渗透压越高；鸡蛋、奶粉的用量越多，面团韧性越强。此时应增加酵母用量。

④面粉筋力：面粉筋力大，面团韧性强，应增加酵母用量；反之，应减少酵母用量。

⑤季节温度：夏季温度高，发酵快，酵母用量少；春、秋、冬季温度低，酵母用量多。

⑥面团软硬度：软面团发酵快，可适当减少酵母用量；硬面团发酵慢，应适当增加酵母用量。

3）影响酵母生长繁殖的因素

影响酵母生长繁殖的因素有 5 个：温度、pH、乙醇、糖和渗透压。

（1）温度的影响：酵母的最佳发酵温度是 25℃～ 35℃，在此温度内酵母的发酵速度快、产气能量强。从面包制作的实验来看，温度的上限为 38℃，超过 40℃酵母会失去活力；在高温下虽说酵母的发酵速度快，但易生成乳酸菌、醋酸菌，使面包变酸；气温低于 10℃时，酵母的发酵力减弱。

（2）pH 的影响：酵母适宜在酸性环境中生长，如果 pH 低于 4 或高于 8，酵母的活性会受到抑制，因此通常 pH 维持在 4 ～ 6 为最佳。

（3）乙醇的影响：酵母对乙醇的耐力较强，但发酵过程中乙醇产生过多，会使发酵力减弱。

（4）糖的影响：糖在发酵时会给酵母提供养分，可以促进发酵，但不能超过面粉总量的 10%。常用的糖有砂糖、葡萄糖、果糖和麦芽糖 4 种，发酵速度快的是砂糖和葡萄糖，另外两种较慢。

（5）渗透压的影响：在面包制作过程中，主要是糖、盐这两种原料会产生渗透压。当配方中糖的用量为 5% 及以下时，会为酵母提供养分并促进发酵；超过 10% 时，发酵速度会明显减慢。活性干酵母比鲜酵母具有更强的耐渗透压能力，即酵母有耐糖和不耐糖之分。盐的渗透压对酵母发酵的抑制作用更大，当盐的用量达到 2% 时，发酵即受影响。

4）酵母在面包制作中的作用

（1）使面团膨胀，制品体积膨大，组织疏松柔软；

（2）增加面筋强度，提高面团的保气能力；

（3）改善制品风味；

（4）提高制品的营养价值，易于人体消化吸收。

3. 任务导入

熟练掌握甜甜圈的制作工艺，能够根据配方和操作步骤制作甜甜圈。

4. 任务实施

1）产品配方

甜甜圈的配方如表 1-13 所示。

表 1-13　甜甜圈的配方

原料名称	数量	图示
面包		
高筋面粉	400 克	
酵母	6 克	
盐	4 克	
黄油	72 克	
砂糖	16 克	
牛奶	200 克	
老面	40 克	
色拉油	1000 克	
装饰		
白巧克力	200 克	
黑巧克力	200 克	
巧克力米	20 克	
柠檬皮碎	6 克	

注：因色拉油用量大，图中仅为代表，实际操作时以具体数量为准。

2）工艺流程

搅拌面团→松弛面团→擀制面片→压制成形→余料处理→最后发酵→装饰准备→炸制成熟→冷却控油→表面装饰→装饰创意→成品。

3）操作步骤

甜甜圈操作步骤一览表如表 1-14 所示。

表 1-14　甜甜圈操作步骤一览表

步骤	制作方法	图示
搅拌面团	将高筋面粉、酵母、老面、砂糖混合均匀，加入牛奶，搅成面团；再分别加入盐和黄油，搅拌至扩展阶段	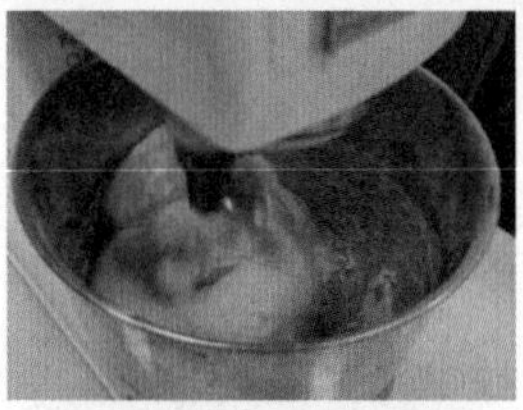
松弛面团	将面团整理光滑，盖好保鲜膜，松弛 20 ～ 30 分钟	

续表

步　骤	制作方法	图　示
擀制面片	将松弛好的面团按扁排气，擀成 1 厘米厚的面片	
压制成形	用甜甜圈模具压出形状，放在烘焙纸上，码入烤盘醒发	
余料处理	将剩余的边角面团揉在一起，再分成 40 克 / 份的小剂子，滚圆后再松弛 20 分钟，将面团按扁用手指从中间穿个洞，轻轻晃动孔洞使其可以容纳两个手指，双手食指交叉晃动使孔洞呈圆圈形，码放在油纸上	
最后发酵	将做好的甜甜圈生坯，放入醒发箱，以温度 30℃、湿度 80% 发酵 40 分钟左右，体积膨胀 1 倍	
装饰准备	分别用“水浴法”[①] 溶化黑巧克力和白巧克力，水温为 50℃左右	
炸制成熟	将色拉油加热至 160℃左右，将醒发好的甜甜圈取出，捏着油纸背面两端，贴着盆边，轻轻将甜甜圈倒扣进油盆中，炸至两面金黄即可	
冷却控油	将炸好的甜甜圈捞出放在晾网上进行控油冷却	
表面装饰	用手轻轻捏住甜甜圈，分别蘸取黑巧克力、白巧克力进行表面装饰	

① 水浴法：将装入盆中的巧克力放到另一个装入水的盆里，采用隔水加热的方法溶化巧克力，水的温度为 40℃～ 50℃；也可以使用巧克力专用熔炉。

续表

步骤	制作方法	图示
装饰创意	在表面巧克力凝固前淋上色彩不同的巧克力米，再进行表面划线拉出漂亮的花纹，还可以撒上柠檬皮碎等装饰	
产品特点	色彩柔和，带有巧克力的香甜，内部松软可口	

5. 指点迷津

（1）甜甜圈生坯做好后要放在油纸上进行醒发，便于炸制时进行操作。

（2）炸好的甜甜圈装饰方法有很多，最简便的就是裹一层砂糖，一定是炸好就放在砂糖里，趁热让其沾住。

（3）在炸制甜甜圈的过程中，水平中间会出现一条白圈，但白圈不可太宽，否则会影响美观和成熟度。

（4）在巧克力溶化过程中，为了避免造成油脂分离的现象，既不能进水，又不能使水温过高，否则无法使用。

（5）表面装饰要在甜甜圈凉透后，再浸蘸巧克力，如果温度高，则巧克力不易在表面凝固。

6. 任务评价

通过本任务的学习，填写任务评价表，如表 1-15 所示。

表 1-15　任务评价表

项　目	自我评价			小组评价	教师评价
	A	B	C		
市场调研同类产品					
实践任务					

7. 学习与巩固

（1）甜甜圈的两种形状：________、________。

（2）酵母的生长繁殖会受到________、________、________、________和渗透压的影响。

项目2　硬质面包

项目导入

硬质面包是一种外皮质地较硬、内部组织柔软，结构紧密、经久耐嚼、越嚼越香、醇香浓郁的面包。此类面包的香气主要是面粉本身经过天然发酵的香气，含油脂、糖、鸡蛋、牛奶比较少或没有，保质期较长，是一种营养健康的面包。

硬质面包的制作流程同软质面包一样，但发酵多采用直接发酵法或二次发酵法。此类面包在国外多用酸种发酵，主要包括硬欧包、俄式大列巴、农夫面包等。

本项目分为4个学习任务，讲述了布雷结面包（Brezel）、农夫面包（Farmer Bread）、凯撒面包（Kaiser Roll）、贝果（Bagel）的制作方法。

任务 2.1 布雷结面包制作

布雷结面包又叫德国碱水面包，是一种德国小吃，它产生于德国巴伐利亚地区，在德国、瑞士、奥地利等德语国家非常流行。布雷结面包是啤酒的最佳拍档，可以中和啤酒的酸性，有效调节人体内的酸碱平衡，对胃能够起到很好的保护作用。

关于布雷结面包的发明，还有一个惊险的故事。相传中世纪，有一个面包师因犯罪被国王赐死，但国王特别喜爱他做的面包，于是就给了他一个弥补的机会，要求他制作出一款脆软相间并且能够看到三缕阳光的面包。当面包师看到双臂交叉背光侧站着的同行时瞬间来了灵感，于是将面包设计成顶部较粗代表脑袋，双臂交叉有 3 个孔洞可以透光的造型，烘烤后交叉部分就会相对较脆，较粗的地方则相对较软。他连夜赶制终于完成，但在准备烘烤时意外地摔了一跤，生面包散落一地。由于时间紧迫来不及重做，他硬着头皮把面包从地面的水渍中捡起来开始烘烤，结果烘烤后的面包表皮棕红发亮，十分诱人。国王品尝之后非常开心，赦免了面包师。事后面包师经过改良，把做好的面包放在碱水中浸泡一下，取出后又在“脑袋”上划一刀代表自己劫后余生，裂开的刀口像他露着洁白的牙齿在微笑，面包上面装饰有粗盐粒代表紧张的汗珠。这个产品深受人们的喜爱，背后的故事也被大家流传至今。

布雷结面包成品如图 2-1 所示。扫描图片右侧二维码可以观看制作视频。

图 2-1　布雷结面包成品

布雷结面包制作

1. 任务目标

（1）了解布雷结面包的来历及所使用的原料。

（2）熟练掌握制作布雷结面包的工艺流程。

（3）掌握布雷结面包的成形制作技巧。

（4）掌握布雷结面包的浸泡时间与操作安全。

2. 知识学习

面粉一般为小麦粉，由小麦粒磨制而成，是制作面包的主要原料之一。面粉的性质对面包的加工工艺和品质有着决定性的影响，而面粉的性质往往是由小麦的种类、性质和制粉工艺所决定的。

1）小麦的种类

小麦因产地、表皮颜色、播种季节及硬度等各种因素的不同而有不同的分类。

（1）按产地分类：美国小麦、加拿大小麦、澳洲小麦、阿根廷小麦等。

（2）按表皮颜色分类：红麦、棕麦、白麦。例如，加拿大曼尼托巴小麦为浅棕色，即棕麦；美国小麦为深棕色，即红麦；澳洲小麦为白麦。红麦多属于硬麦，为高蛋白质小麦；白麦多属于软麦，为低蛋白质小麦。

（3）按播种季节分类：春麦和冬麦。春麦是春天播种、秋天收割的小麦；冬麦是秋冬播种、第二年春夏收割的小麦。春麦的蛋白质含量高于冬麦。

（4）按硬度分类：特硬麦、硬麦、半硬麦、软麦。硬度通常与强度成正比，硬度高的小麦比硬度低的小麦更为通用。

①特硬麦不适合制作面包，主要用来制作通心粉等。因为它含有大量的麦芽糖，将其少量加入其他小麦磨成粉，便可增加面粉的气体产生力。美国小麦、阿尔及利亚小麦和印度小麦等均属于特硬麦。

②硬麦通常为强力小麦，一般用于制作面包。用此种小麦磨成的面粉较粗糙，富有流动性。加拿大曼尼托巴小麦及美国春红麦均属于硬麦。

③半硬麦具有中等强度，通常具有美好的香味、颜色，产粉率较高，用其磨成的面粉可用于制作面条、馒头等。阿根廷小麦、澳洲小麦及美国冬硬麦均属于半硬麦。

④软麦通常为强度较弱的小麦，即薄力小麦，一般用于制作饼干、蛋糕。此种小麦香味极佳，用其磨成的面粉颜色洁白。美国白麦及英国小麦均属于软麦。

2）小麦粒的结构

小麦粒由皮层、糊粉层、胚乳和胚芽 4 部分构成。

皮层包括种皮和果皮，占小麦粒总重量的 8% ～ 12%，其由纤维素和半纤维素组成，磨粉时需要去除。

糊粉层由纤维素、半纤维素、非面筋蛋白质、少量脂肪和维生素组成，占小麦粒总重量的 7% ～ 9%，磨粉时也应去除，但其紧贴胚乳，韧性很强，不易与胚乳分离，磨粉时不易完全去除。一般加工精度越低的面粉，糊粉层含量越高，营养越高，反之越低。

糊粉层与皮层一起构成了小麦粒的麸皮，制粉时皮层较容易与其他部分分离，因而残留在面粉中的麸皮主要是糊粉层。麸皮含量越少越好，因为麸皮会影响面团的结合力、持气力及制品的色泽。

胚乳包裹在糊粉层内部，是小麦粒的主体，约占小麦粒总重量的 80%，由淀粉和蛋白质组成。整个小麦粒所含的淀粉和面筋蛋白质都集中在胚乳中，磨成面粉的质量、性质也都由胚乳所决定。

胚芽位于小麦粒的下端，占小麦粒总重量的 1.4% ～ 2.2%，含有大量的脂肪和酶，此外还含有蛋白质、糖类、维生素等。脂肪和酶易使面粉在储存时酸败变质，因此，磨粉时要将胚芽与麸皮一起去除。

一颗小麦粒，越靠近麦皮部位蛋白质含量越高，颜色越黄；越靠近麦粒中心部位蛋白质含量越低，颜色越白。所以，洁白的面粉通常为低筋面粉或麦芯粉。

3）面粉的种类

我国现行的面粉等级标准主要是按加工精度来区分的。我国将面粉分为四等：特制一等粉、特制二等粉、标准粉、普通粉。

用于制作西点的面粉根据蛋白质含量的不同，可分为低筋面粉、中筋面粉、高筋面粉及一些特制面粉，如全麦面粉、蛋糕预拌粉、“T”系列面粉等。

（1）低筋面粉，又称弱筋面粉或糕点粉，由软麦磨制而成，其蛋白质和面筋含量低，蛋白质含量为 7% ～ 9%，湿面筋值在 25% 以下，吸水率为 48% ～ 52%。英国、法国和德国的小麦磨成的面粉均属于这类面粉。低筋面粉多用来做蛋糕、饼干、塔派等松软、酥脆的糕点。

（2）中筋面粉，又称通用面粉，是介于高筋面粉与低筋面粉之间的一种具有中等筋力的面粉，蛋白质含量为 9% ～ 11%，湿面筋值为 25% ～ 35%，吸水率为 55% ～ 60%。美国、澳大利亚产的冬小麦磨成的面粉和我国的标准粉等都属于这类面粉。中筋面粉多用于制作中型水果蛋糕、肉馅饼等，如果用于发酵面团，则面团中的筋力足以支撑面团内部产生的气体和压力，并使制品内部组织不过分坚韧，能保持制品的膨胀和柔软性。

（3）高筋面粉，又称强筋面粉和面包专用粉，由硬麦磨制而成，其蛋白质和面筋含量高，蛋白质含量在 11.5% 以上，湿面筋值在 35% 以上，吸水率为 62% ～ 64%。最好的高筋面粉是用加拿大产的春小麦磨成的。高筋面粉适于制作面包、起酥点心、泡芙，以及用特殊油脂调制的松酥饼等。

（4）全麦面粉，又称全麦粉，由整个麦粒研磨而成。全麦面粉含有丰富的维生素 B_1、B_2、B_6 及烟碱酸，营养价值很高。因为麸皮的含量多，全麦面粉的筋力不足，用 100% 全麦

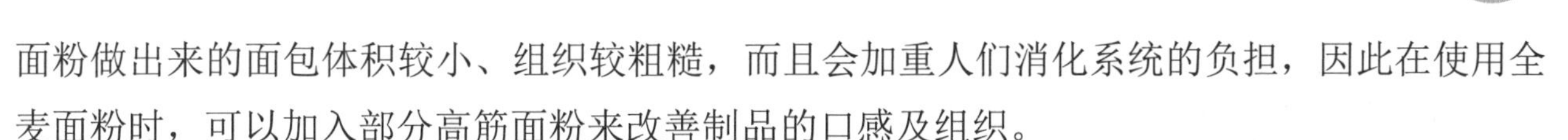

面粉做出来的面包体积较小、组织较粗糙，而且会加重人们消化系统的负担，因此在使用全麦面粉时，可以加入部分高筋面粉来改善制品的口感及组织。

（5）蛋糕预拌粉，又叫预混粉，它与一般意义上的单一原料有着本质的区别。其是按照产品粉料的配比以提前配置的方式制作的半成品粉料，制作者只需再根据产品的制作指南加入指定的原材料就可制作出美味的烘焙产品。常见的有麻薯预拌粉、杂粮预拌粉等。

（6）“T”系列面粉多为进口面粉，以法国面粉为代表，它们通常会根据灰分的含量来区分，如 T45、T55、T65 等，后面的数字代表灰分的含量，数值越大代表灰分含量越高。面粉的灰分含量越高，颜色越深，面粉弹性越弱，小麦风味相对越浓郁，营养也越丰富。法国面粉分为 3 类：白面粉、全麦面粉和黑麦面粉。

白面粉又包括 3 类：T45，适合制作甜品、吐司、高糖面包、可颂等；T55，适合制作普通面食、泡芙、蛋糕等；T65，适合制作法棍、欧包等。

全麦面粉又包括 3 类：T80，适合制作质朴的乡村面包，充满麦香味；T110，适合制作全麦面包；T150，是全麦面粉，但要配合白面粉一起使用。

黑麦面粉又包括 3 类：T85，用于制作黑裸麦面包和一些杂粮面包；T130，用于制作纯黑麦面包和乡村面包等；T170，用于制作纯黑麦面包及和其他型号面粉掺杂使用。

3. 任务导入

熟练掌握布雷结面包的制作工艺，能够根据配方和操作步骤制作布雷结面包。

4. 任务实施

1）产品配方

布雷结面包的配方如表 2-1 所示。

表 2-1　布雷结面包的配方

原料名称	数　量	图　示
高筋面粉	800 克	
低筋面粉	200 克	
酵母	10 克	
冰水	500 克	
黄油	40 克	
盐	16 克	
烘焙碱（浸泡面包）	15 克	
水（浸泡面包）	500 克	
粗海盐粒	3 克	

2）工艺流程

搅拌面团→加盐黄油→分割面团→搓成长条→成形冷冻→浸泡面包→表面装饰→烘烤成熟→成品。

3）操作步骤

布雷结面包操作步骤一览表如表 2-2 所示。

表 2-2　布雷结面包操作步骤一览表

步　骤	制作方法	图　示
搅拌面团	将高筋面粉、低筋面粉、酵母混合均匀，加入冰水，搅拌成面团	
加盐黄油	待面团搅拌至光滑时，分次加入盐和黄油，搅拌均匀，直至能拉出手套膜	
分割面团	将搅拌好的面团取出，整理光滑，稍按平便可直接分份，分成 80 克 / 份的小剂子	
搓成长条	将分好的面团直接按平，松弛 5 分钟；再将其搓成中间略粗两头略细的长条，长度为 45 ～ 50 厘米	
成形冷冻	将长条编成扭结形，放在烤盘上；常温醒发 20 分钟左右之后冷冻 1 小时	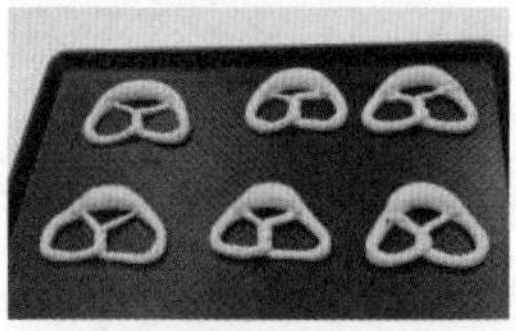
浸泡面包	将冷冻好的面团取出，放进烘焙碱水（烘焙碱与水混合）中浸泡 15 秒左右，取出放在烤盘上；待表面稍干，便可用小刀蘸清水制口	
表面装饰	面包划口后在表面撒上粗海盐粒做装饰，入炉烤制	

续表

步　骤	制作方法	图　示
烘烤成熟	以上火 220℃、下火 190℃烤制 15 ～ 20 分钟。烤时开风门，烤箱门也开一条小缝，目的是散去烤箱内的水蒸气，使面包表面光滑发亮；烤至棕黄色即可取出	
产品特点	色泽棕黄，外皮较硬，入口有轻微碱味，口味微咸，质感筋道	

5. 指点迷津

（1）将面团按平搓成中间略粗两头略细的长条，长度为 45 ～ 50 厘米。

（2）面坯醒发时间不能过长，冷冻后浸泡时间不能超过 15 秒，掐表看时，晾干后及时划口。

6. 任务评价

通过本任务的学习，填写任务评价表，如表 2-3 所示。

表 2-3　任务评价表

项　目	自我评价			小组评价	教师评价
	A	B	C		
市场调研同类产品					
实践任务					

7. 学习与巩固

（1）布雷结面包是 ________ 代表产品；表面的颜色是因为 ________。

（2）法国面粉分为 3 类：白面粉、________、________。

任务 2.2　农夫面包制作

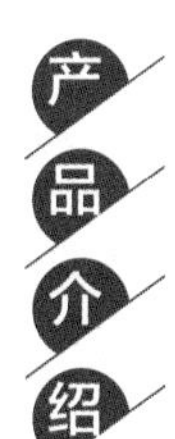

农夫面包与乡村面包一样都混有小麦粉和黑麦面粉，都属于混合面包。农夫面包除混有小麦粉和黑麦面粉外，还混有全麦面粉。最近几年，这种混合面包的需求量比纯小麦粉面包的需求量要多，是被重新认识的面包。

农夫面包属于欧式面包，个头较大、分量较重、颜色较深、表皮金黄而硬脆；

面包内部组织柔软且有韧性，没有海绵似的感觉，孔洞细密均匀；口味为咸味，面包里很少加糖和油脂。人们习惯将小面包做成三明治，大面包切片后再食用。农夫面包的吃法非常讲究，经常会配上一些沙拉、芝士、肉类和蔬菜等。

农夫面包在制作过程中可以加入坚果和果干，低脂低盐高纤维，慢慢咀嚼，麦香味浓郁，还带有果干淡淡的甜味，层次丰富，健康又美味。

农夫面包成品如图 2-2 所示。扫描图片右侧二维码可以观看制作视频。

图 2-2　农夫面包成品

农夫面包制作

1. 任务目标

（1）了解制作农夫面包所使用的原料。

（2）熟练掌握农夫面包的成形制作技巧。

（3）掌握农夫面包装饰划口的操作技法。

2. 知识学习

为了更好地提升面包的营养价值，丰富面包的口感，除小麦粉外，还有一些经常用到的特色面粉，如全麦面粉、黑麦面粉、燕麦面粉和青稞面粉等。这些面粉富含的蛋白质不足以支撑面包的膨胀，因此要配合高筋面粉一起使用。

目前，市场上销售的面粉按加工工艺分为两种：一种是机磨粉，另一种是石磨粉（多为进口面粉）。面粉的加工精度决定了面粉的营养价值，加工精度越高，面粉越白，营养价值越低；反之，加工精度越低，面粉越暗，营养价值越高。

1）全麦面粉

全麦面粉是由整粒小麦（见图 2-3）加工而成的，包含外层的麸皮、胚乳及胚芽。全麦面粉含有丰富的维生素 B_1、B_2、B_6，烟碱酸及钙、铁、锌等微量元素，但面粉较为粗糙，麦

香味浓郁，是常见面粉中营养价值较高的面粉，通常用来制作全麦面包和小西饼等。

全麦面粉素有“糖尿病人的专用面粉”之称。

2）黑麦面粉

黑麦面粉是由黑麦（见图 2-4）加工而成的，富含钙、铁、锌、硒等多种微量元素，其中硒元素含量是普通小麦的 3 倍以上。长期食用黑麦面粉制品能提高免疫力，对便秘、高血压、高血脂、冠心病、糖尿病等疾病具有一定的改善作用。

3）燕麦面粉

燕麦面粉是由去壳燕麦（见图 2-5）加工而成的。燕麦是一种谷物，也是世界性栽培作物。燕麦的营养价值很高，富含蛋白质、不饱和脂肪酸、矿物质及多种维生素，还含有丰富的 β– 葡聚糖。燕麦中的不饱和脂肪酸主要是亚油酸，占脂肪酸总量的 38% ～ 52%，具有降血脂的作用。燕麦面粉中的蛋白质不具有其他面粉蛋白质的面筋特性，弹性和延伸性差，因此燕麦面粉不能单独使用，而要添加到其他面粉中混合使用体现其营养价值。

图 2-3　小麦

图 2-4　黑麦

图 2-5　燕麦

4）青稞面粉

青稞面粉是由青稞（见图 2-6）加工而成的。青稞是大麦的一种，又称裸大麦、元麦，为西藏人民的主食。青稞产自我国西藏、青海、四川、云南等地，它只在高寒地带生长，对生态环境和气候条件要求较高。青稞有着广泛的药用及营养价值。它不但富含矿物质、维生素、天然叶绿素、抗氧化酶、黄酮等活性物质，而且富含功能奇特的营养素 β – 葡聚糖。β – 葡聚糖具有清肠、调节血脂、降低胆固醇、提高免疫力等重要作用。青稞的品种目前有 3 种：白青稞、蓝青稞、黑青稞。

图 2-6　青稞

3. 任务导入

熟练掌握农夫面包的制作工艺，能够根据配方和操作步骤制作农夫面包。

4. 任务实施

1）产品配方

农夫面包的配方如表 2-4 所示。

表 2-4　农夫面包的配方

原料名称	数量	图示
高筋面粉	400 克	
全麦面粉	50 克	
黑麦面粉	50 克	
酵母	5 克	
水	350 克	
黄油	50 克	
老面	100 克	
盐	10 克	
核桃仁	30 克	
提子干	40 克	
南瓜子	30 克	

2）工艺流程

搅拌面团→加入果仁→松弛发酵→分割滚圆→成形发酵→烤前装饰→烘烤成熟→成品。

3）操作步骤

农夫面包操作步骤一览表如表 2-5 所示。

表 2-5　农夫面包操作步骤一览表

步骤	制作方法	图示
搅拌面团	将高筋面粉、全麦面粉、黑麦面粉、酵母、老面混含均匀，加入水、黄油，搅拌成面团；待面团搅拌至不黏缸时加入盐，搅拌至能拉出手套膜	
加入果仁	加入洗净的提子干、核桃仁、南瓜子，慢速搅拌均匀	
松弛发酵	将面团取出，整理光滑，盖好，常温醒发 50 分钟，然后翻面后盖好，继续常温醒发 50 分钟	

续表

步　骤	制作方法	图　示
分割滚圆	将醒发好的面团分成 50 克 / 份的小剂子，揉圆后再常温醒发 40 分钟	
成形发酵	将面团整理成梭子形或圆形，放在醒发布上；入醒发箱（常温），温度为 30℃、湿度为 70%，醒发至 2 倍大，一般为 50 分钟左右	
烤前装饰	将醒发好的面包放在高温布上，撒高筋面粉，并划刀口装饰	
烘烤成熟	入炉烘烤，入炉后立刻喷蒸气 2 秒，以上火 240℃、下火 210℃烤制 25 分钟左右，烤至表面色泽棕黄即可	
产品特点	色泽棕黄，表皮脆硬，内芯柔软	

5. 指点迷津

（1）制作农夫面包的干果可以根据自己的需求更换，目的是调节口味。

（2）农夫面包的形状和表面划口可以根据自己的喜好进行随意调整，目的是美观。

6. 任务评价

通过本任务的学习，填写任务评价表，如表 2-6 所示。

表 2-6　任务评价表

项　目	自我评价			小组评价	教师评价
	A	B	C		
市场调研同类产品					
实践任务					

7. 学习与巩固

（1）农夫面包属于 ________，使用了 3 种面粉：________、________ 和黑麦面粉。

（2）常见的特色面粉包括全麦面粉、________、________ 和 ________。

任务 2.3 凯撒面包制作

凯撒面包又叫维也纳餐包、纽约硬餐包等，是一款低糖、低油，表皮稍微酥脆、有风车形状外表及内里充满韧劲的小面包，顶部有用来装饰的白芝麻，散发着麦香味，十分迷人。在奥地利维也纳，这种头上顶着风车形状的小面包被所有人青睐，几乎一日三餐都可以见到。无论是抹酱或配着黄油食用，还是从中切分为二，夹上火腿、奶酪、生菜、西红柿、洋葱圈等做成三明治食用，都颇受人们的喜爱。

凯撒面包源于奥地利，而奥地利当时是罗马帝国的领土之一，恺撒大帝是当时的君主，他的名字与面包的英文单词“Bread”在发音上有一定的相似性，而面包的外观也与恺撒大帝的金色皇冠相似，于是被大家命名为凯撒面包。

凯撒面包是奥地利君主批准的合法食物，有着自己的标准重量，凯撒面包的一个面团不能低于 46 克（通常在 50 克至 80 克之间）。它是外面香酥、里面湿润的白面包（没有气孔的），只由面粉、酵母、水及盐制成，表面纹路由五条风车纹组成。

凯撒面包的整形方法其实很简单，现在市场上有一种凯撒面包专用的风车纹模具，只要将面团发酵好，轻轻地按下模具，一个漂亮的凯撒面包就制作完成了。

凯撒面包成品如图 2-7 所示。扫描图片右侧二维码可以观看制作视频。

凯撒面包制作

图 2-7　凯撒面包成品

1. 任务目标

（1）了解凯撒面包的来历及所使用的原料。

（2）掌握制作凯撒面包的工艺流程和制作技巧。

（3）熟练掌握凯撒面包的表面装饰压纹工艺。

2. 知识学习

制作面包除基础原料外，还有很多辅料，用以提升面包的味道和口感。常见的辅料有糖、鸡蛋、奶粉、牛奶、黄油、坚果、果干等，很多面包也是以添加的辅料命名的。下面就对常见辅料进行介绍。

1）糖

糖（见图 2-8）在发酵面团中的主要作用是增加甜味和为酵母提供养分，促进酵母发酵，从而产生大量的二氧化碳，使面团更加膨松，但糖的用量要控制在 10% 以内，过多会抑制发酵。糖还具有加热后产生焦糖的特性，从而可以改善产品的色泽，起到装饰美化面包外观的作用。另外，糖具有渗透性，可以吸收面团中的水分，使面筋蛋白质的水分减少，面筋形成度降低，从而调节面筋筋力，控制面团的柔韧度。

图 2-8　糖

2）鸡蛋

鸡蛋（见图 2-9）含有丰富的蛋白质、脂肪、无机盐和多种维生素，是人体所需的优质蛋白质。在面包中加入鸡蛋，可以增加营养，增添蛋香味。在制品表面涂抹鸡蛋液后能够改变制品的色泽，使制品呈现光亮的金黄色，并防止水分流失，保持制品的柔软性。

图 2-9　鸡蛋

3）奶粉

奶粉（见图 2-10）是鲜奶经过干燥制成的。奶粉含有丰富的蛋白质，对面筋的筋力有一定的增强作用，从而改善面团的发酵能力，使制品柔软、疏松并富有弹性。

图 2-10　奶粉

4）牛奶

牛奶（见图 2-11）又称牛乳，具有特殊的香味。牛奶中含有人体所必需的氨基酸、丰富的无机盐和多种维生素。制作面包时加入牛奶，可以改善面包的风味，使营养成分更趋于完善。牛奶还能加强面筋的韧性，防止面团回缩，使面团组织细腻，柔软且富有弹性；牛奶中的乳糖在烘焙时与面团中的蛋白质相结合，能使面包表面光滑，形成诱人的金黄色表皮。另外，牛奶可以减缓面包中水分的流失，使面包保持较长时间的柔软。

图 2-11　牛奶

5）黄油

黄油（见图 2-12）是用牛奶加工出来的一种固态油脂，是新鲜牛奶加以搅拌之后将上层的浓稠状物体滤去多余水分之后的产物。黄油的营养是奶制品之首，富含维生素、矿物质、脂肪酸等，不仅营养丰富，而且香醇味美。黄油具有很好的乳化性，可以改变面团的湿黏性，锁住水分，以此来延缓淀粉的老化和面包的硬化，还能够增强面团的延展性。黄油中含有少量的糖，在加热时可产生美拉德反应，为面包增加香气，使面包的颜色更漂亮。

图 2-12　黄油

6）坚果

坚果是指植物的可食用果核，是植物的精华部分。其营养丰富，富含蛋白质、油脂、矿物质、维生素，具有降低胆固醇、抗氧化、补充矿物质等功效。将坚果加入面包中，可以使面包口感更丰富、更美味。常用的坚果有核桃仁、杏仁、南瓜子等。

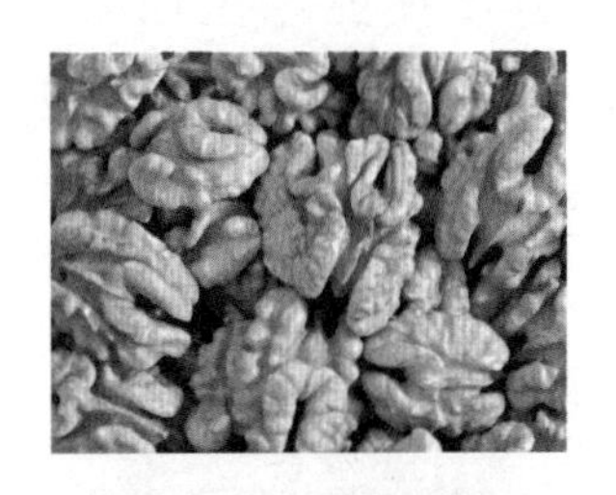

图 2-13　核桃仁

（1）核桃仁（见图 2-13）。核桃仁含有不饱和脂肪酸，有预防动脉硬化的功效。核桃仁还含有锌、锰、铬等人体不可缺少的微量元素，有促进葡萄糖利用、加快胆固醇代谢和保护心血管的功能。现代医学研究认为，核桃仁有健胃、补血、润肺、养神补脑、镇咳平喘等功效。核桃仁在西点和面包制作中，需要提前进行烘烤，去掉一些表皮，减少苦涩味，使味道和口感变得鲜香酥脆。

图 2-14　杏仁

（2）杏仁（见图 2-14）。杏仁含有丰富的单不饱和脂肪酸、蛋白质、脂肪、钙、磷、铁、胡萝卜素、维生素 E、抗坏血酸及苦杏仁甙等，有止咳、促消化、消炎、降低血糖的作用，能预防疾病和早衰，有益于心脏健康。

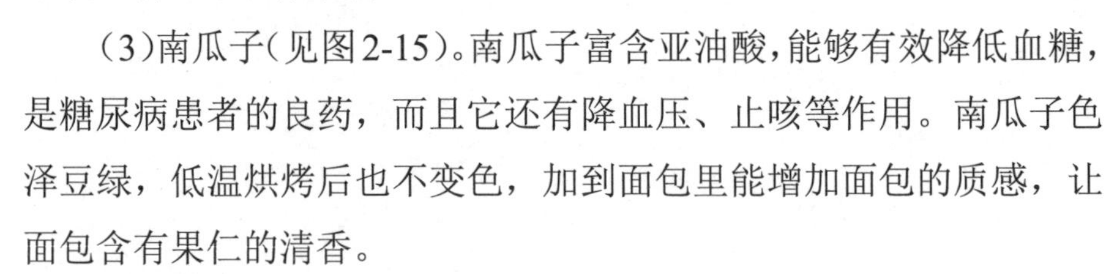

（3）南瓜子（见图 2-15）。南瓜子富含亚油酸，能够有效降低血糖，是糖尿病患者的良药，而且它还有降血压、止咳等作用。南瓜子色泽豆绿，低温烘烤后也不变色，加到面包里能增加面包的质感，让面包含有果仁的清香。

图 2-15　南瓜子

7）果干

果干是由鲜果经过风干或烘干后制成的，水果中的矿物质、钾等微量元素及膳食纤维大部分被保留了下来，而单宁类物质则减少了，可减少对消化道黏膜的刺激，并有利于降血压，可以补充人体所需的营养物质，增强免疫力。面包中常用的果干有葡萄干、蔓越莓干、无花果干等。

（1）葡萄干（见图 2-16）。葡萄干是葡萄经过日光照射晾干或风干制成的干果。葡萄干中含有丰富的铁元素和钙元素，可以补气血；含有大量纤维和酒石酸，有利于直肠健康；含有多种矿物质、维生素、氨基酸等，可缓解身体疲劳，改善神经衰弱。葡萄干肉质软糯，口感清甜，营养价值较高。葡萄干要提前清洗干净并用朗姆酒或白兰地酒浸泡变软后再加入面包中，可以很好地改善面包的口感，增加风味。葡萄干以新疆产的品质为佳。

图 2-16　葡萄干

（2）蔓越莓干（见图 2-17）。蔓越莓是一种表皮鲜红、生长在矮藤上的浆果，具有独特的酸甜口味，清新爽口，常吃有益健康。蔓越莓干是由蔓越莓加工制成的，能清除自由基，具有延缓衰老的能力。其含有丰富的维生素 C、类黄酮素和果胶等物质，具有抗氧化和排出体内毒素的作用。蔓越莓干在使用前需要用朗姆酒或白兰地酒浸泡变软并增加香味，切碎后加入面包中能为面包增加特殊的香味，使面包的口感丰富。蔓越莓的原产地在北美洲，以美国和澳大利亚产的为佳；我国东北也有种植。

图 2-17　蔓越莓干

（3）无花果干（见图 2-18）。无花果干是新鲜无花果经过晾晒或烘干制成的，是一种蛋白质、矿物质、维生素含量高，但热量低的干果，有清热解毒、化痰去湿的功效。无花果干含有苹果酸、柠檬酸、脂肪酶、蛋白酶、水解酶等，能够促进食物的消化和分解，还有降低血脂和分解血脂的功能，可以起到润肠通便、降血压、预防冠心病的作用。无花果干既可以直接食用，又可以剁碎加在面包的面团中，使面包形成独特的风味与口感。无花果在我国新疆、山东、河北和北京都有种植，品质及甜度以新疆产的为佳，主要是因为其日照时间长，冻干无花果以山东产的为佳。

图 2-18　无花果干

8）其他

在面包制作中还会用到一些水果皮，像柠檬皮碎和橙子皮碎，就是用擦皮器将果皮最外面的黄色表皮擦下来（不要白色内皮，味苦），放在面团或浆料中，这样烘烤后的产品果香味会更加浓郁，常见的有柠檬饼干、香橙蛋糕等。

英式蛋糕和果料面包中常用的有糖渍橙皮丁和柠檬皮丁，制作时采用的是蜜饯制作工艺。橙子和柠檬洗净后将其黄色表皮切下来，加工成小丁放在高浓度的糖水中煮软，捞出放在密封的罐子内存放半个月就可以使用了（见图 2-19）。潘娜托尼、史多伦和圣诞蛋糕中都要使用。

另外，可将橙子切成大片或果皮切成细丝，放在糖水中煮 5 分钟，捞出直接放到粗砂糖中滚沾一层砂糖，再以 100℃进行低温烘烤，1 小时后关闭，在烤箱中焖一夜，第二日取出，可以当作糕点的装饰，也可以直接食用，剩余的放在玻璃瓶里密闭保存即可，如图 2-20 所示。

网红小零食巧克力橙子片，就是将橙子切成薄片，放在果蔬烘干机里低温烘烤焙干制成橙子片，再放在溶化的黑巧克力或白巧克力中，单面沾一层，晾干即可，如图 2-21 所示。

图 2-19　橙皮丁

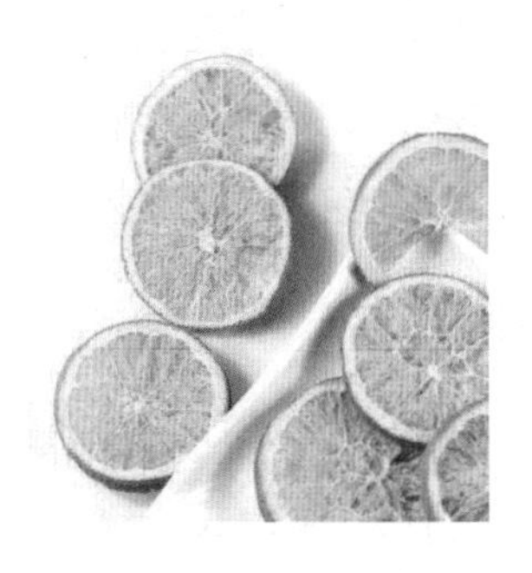
图 2-20　橙子片

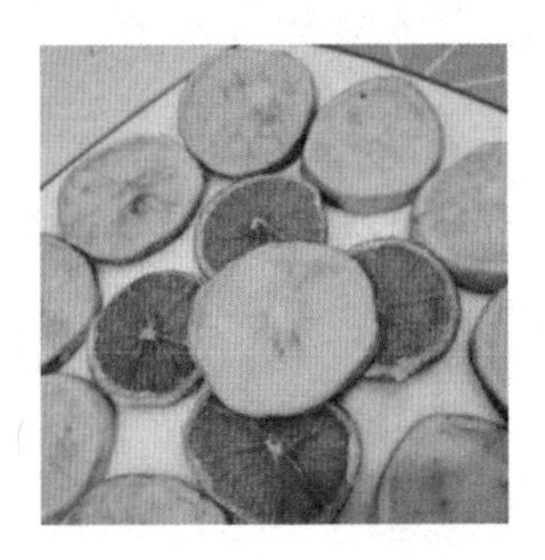
图 2-21　巧克力橙子片

3. 任务导入

熟练掌握凯撒面包的制作工艺，能够根据配方和操作步骤制作凯撒面包。

4. 任务实施

1）产品配方

凯撒面包的配方如表 2-7 所示。

表 2-7　凯撒面包的配方

原料名称	数　量	图　示
面包		
高筋面粉	250 克	
砂糖	10 克	
酵母	2 克	
盐	3 克	
老面	100 克	
牛奶	140 克	
黄油	10 克	
装饰		
白芝麻	100 克	

2）工艺流程

搅拌面团→加入黄油→松弛面团→分割面团→成形装饰→醒发面包→压纹烘烤→成品。

3）操作步骤

凯撒面包操作步骤一览表如表 2-8 所示。

表 2-8　凯撒面包操作步骤一览表

步　骤	制 作 方 法	图　示
搅拌面团	将高筋面粉、砂糖、酵母、老面、牛奶和成面团，将面团搅拌至不黏缸时加入盐，搅拌至盐溶化	
加入黄油	加入黄油，搅拌至面团完全光滑，即可以拉出手套膜时，停止搅拌	
松弛面团	将面团取出，整理光滑，盖好保鲜膜，常温松弛 50 ～ 60 分钟	
分割面团	将松弛好的面团分割成 50 克 / 份的小剂子，滚圆后松弛	
成形装饰	将面团再次滚圆后在表面喷水，滚沾白芝麻	
醒发面包	将面团放在耐高温布上，放入醒发箱，温度为 30℃、湿度为 80%，醒发约 40 分钟	
压纹烘烤	将发酵好的面包取出，用模具压出花纹，放入烤炉烘烤，以上火 220℃、下火 200℃，喷蒸气 4 秒，烘烤 13 分钟，至棕红色即可	
产品特点	色泽棕红，外皮较硬，图案美观	

5. 指点迷津

（1）凯撒面包是奥地利一款配有专用模具的产品，有长椭圆形和圆形两种，外观像风车。

（2）如果制作时没有模具，可以将面团手工搓制成长条，再将两头交叉盘卷绕成花环状，接口衔接好翻转过来，就变成了风车形状，外观与模具压制出来的略有不同。

（3）进行表面装饰时可以喷少许水再滚沾芝麻，这样芝麻沾得更牢固。

6. 任务评价

通过本任务的学习，填写任务评价表，如表 2-9 所示。

表 2-9　任务评价表

项　目	自我评价			小组评价	教师评价
	A	B	C		
市场调研同类产品					
实践任务					

7. 学习与巩固

（1）凯撒面包又叫 ________、________，源于 ________，是一款有着 ________ 带芝麻的小面包。

（2）面包面团搅拌至 ________，能够拉出 ________ 就可进行松弛。

任务 2.4　贝果制作

贝果属于硬质面包，是一款在德国和波兰流行的大众面包，后来被带入美国，成了美国流行的面包之一。贝果低脂、低胆固醇、微发酵，被誉为“健康早餐的代表”。

贝果的外表和甜甜圈很相似，但甜甜圈是油炸的面包，而贝果则需要经过煮沸和烘烤两道主要工序。这种特殊的制作工艺赋予了贝果独特的耐嚼口感，其表皮富有光泽，具有硬、香、韧等特殊风味，外皮烤得越硬脆，里面的面包味道就越浓，质地就越韧。

最传统的贝果是用小麦粉、盐、水、酵母制作的，不过绝大部分贝果还会添加甜味调料，主要是麦芽糖、蜂蜜或砂糖。

在北美洲，除了原味贝果，还有常见的芝麻贝果。

人们一般会将贝果切成两个圆形，直接涂上奶酪来吃，也可以涂果酱、巧克力酱、花生酱等，或者像三明治那样夹着生菜、西红柿、三文鱼等配料来吃，口味多样。后面的创意三明治项目中有详细介绍。

贝果成品如图 2-22 所示。扫描图片右侧二维码可以观看制作视频。

图 2-22 贝果成品

贝果制作

1. 任务目标

（1）了解制作贝果所使用的原料。

（2）熟练制作贝果的工艺流程。

（3）掌握贝果的成形制作技巧。

（4）掌握贝果的煮制时间。

2. 知识学习

随着烘焙行业的快速发展，越来越多的设备开始出现。常见的设备有和面机、奶油机、烤箱、热风炉、起酥机等，下面就对这些设备进行介绍。

1）和面机

用于调制黏度极高的浆料、揉制不同性质的面团，包括水面团、酥性面团、韧性面团等，是制作面包的常用设备，如图 2-23 所示。

保养及维护：

①每次使用前先进行空转，检查设备是否正常运转；

②使用后要先切断电源，用湿布清理缸内，去除杂质，保持缸内洁净；

③用湿布将机器外观擦拭干净，最后用干布整体擦拭一遍。

2）奶油机

奶油机（见图 2-24），又分为厨师机（台式）和打蛋机（立式）。厨师机多用来搅拌少量的奶油和鸡蛋液；打蛋机多用来搅拌大量的鸡蛋液和小面团。两种设备只是搅拌物料的重量不同，但都能搅拌奶油、面糊、鸡蛋液、混酥面团等。两种奶油机都配有 3 个搅拌器：钩形、扇形和花蕾形。钩形搅拌器用于搅拌高黏度或高韧性的面浆或面团，如面包面团。扇形搅拌器又叫 K 形桨叶，外形与缸体内壁形状一致，作用面积大，可以搅拌中黏度面浆或面团，如泡芙面糊、蛋白浆、混酥面团等。花蕾形搅拌器用于搅拌阻力小的低黏度的奶油、鸡蛋液等，如蛋糕浆料、打发奶油等。

保养及维护：

①每次使用前先进行空转，检查设备是否正常运转；

②每次使用前都要将搅拌器和搅拌缸清洗干净并擦干；

③使用完毕后断电，将电源线缠绕在机器上；

④使用完后将搅拌器和搅拌缸进行清洗并擦干。

图 2-23　和面机

图 2-24　奶油机

3）烤箱

烤箱（见图 2-25）又叫烤炉。按照热源不同，烤箱可以分为煤气烤箱、燃气烤箱和电烤箱，最常用的是电烤箱。电烤箱有单层和多层两种，可以用来烤面包，故又称面包箱。目前，市面上多为红外线烤箱，效率高、节约电能，在烘焙业被广泛使用。但使用前需要提前半小时预热才能达到需要的温度。

保养及维护：

①每次使用前先进行预热，检查设备是否正常运转；

②使用完毕后断电，等烤箱内温度下降到 50℃左右（温度不烫手）时，就可以进行清洁工作了；

③使用后要进行彻底清洁，烤箱内壁、烤网、烤盘及底盘都要擦洗干净；

④用抹布蘸取中性清洁剂的稀释液后微微拧干，清洁烤箱的外壳和内胆，清洗后再用干布擦干。

4）热风炉

热风炉（见图2-26），又称热风烤箱，是由“背部风扇＋风扇周围的加热管”构成的，热源来自风扇周围的加热管，热传递主要依靠“机械强制对流”。它在使用时能快速升温，不到2分钟即可达到需要的温度。热风炉最大的优点是表面上色均匀，可多层烘烤，而且比普通烤箱的热能增加了25%～30%，缩短了烘烤时间，提高了效率。热风炉有“万能150℃定律”的说法，150℃是热风炉很重要的一个温度，用这个温度几乎可以烘烤所有品类。

保养及维护：

①使用前关闭炉门，提前2分钟进行预热，可以迅速达到烘烤制品的温度；

②使用后切断电源，冷却后清扫烤炉内的碎渣滓，用湿布擦拭支架、玻璃、门边、把手和外壳；

③定期卸下支架进行清洗；

④清洁后打开门通风。

图2-25　烤箱

图2-26　热风炉

5）起酥机

起酥机（见图2-27），又叫开酥机。其具有碾压和拉伸的双重作用，借助传送带的来回运转，将面片压长拉薄，操作过程简单、方便，主要用于各式面包、西饼、饼干的整形及各类酥皮的制作。起酥机有台式和立式两种规格。

保养及维护：

①使用前要先将设备空转，确认设备无异常后，开始正式工作；

②传送带不宜放重物，设备运转40～80小时后，将皮带、链条重新紧固，以免损坏机件；

③每天使用后要清洁轴承、皮带、链条等传动部件，不能附有面粉、尘埃等异物，以免烧坏轴承或加速机件磨损；

④每日下班前，用湿布将机器外观、底部托板都擦洗干净，

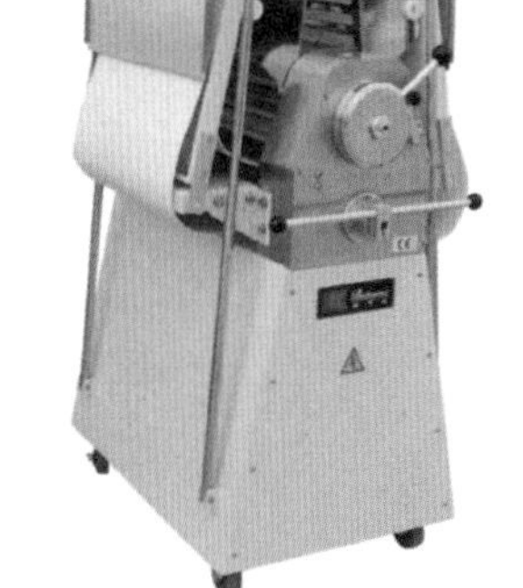

图2-27　起酥机

将机器传送板立起来，避免传送带受损。

3. 任务导入

熟练掌握贝果的制作工艺，能够根据配方和操作步骤制作贝果。

4. 任务实施

1）产品配方

贝果的配方如表 2-10 所示。

表 2-10　贝果的配方

原料名称	数　量	图　示
高筋面粉	500 克	
酵母	5 克	
盐	10 克	
砂糖	15 克	
老面	150 克	
黄油	20 克	
牛奶	280 克	
水	1000 克	

注：因为水的用量大，图中仅为代表，实际操作中以具体数量为准。

2）工艺流程

搅拌面团→拉出筋膜→松弛分割→捏制成形→发酵冷冻→煮后烘烤→成品。

3）操作步骤

贝果操作步骤一览表如表 2-11 所示。

表 2-11　贝果操作步骤一览表

步　骤	制作方法	图　示
搅拌面团	将高筋面粉、酵母、砂糖、老面混合均匀，加入牛奶，先慢速搅拌再中速搅拌成表面光滑的面团；加入盐，继续搅拌；加入黄油，慢速搅拌均匀，使黄油完全融入面团	
拉出筋膜	继续搅拌至面团扩展阶段，由于面团较硬，可以拉出小面积手套膜即可	

续表

步　骤	制作方法	图　示
松弛分割	将面团取出，盖好保鲜膜，常温松弛30分钟左右；将松弛后的面团分成60克/份的小剂子，再常温松弛10分钟	
捏制成形	将松弛后的小剂子揉成球，压扁，用大拇指将面团边缘向中间卷起，逐渐在面团中间穿出一个洞，洞的直径大约为3厘米，尽可能均匀地拉伸面团，捏成粗细均匀、表面光滑的圆圈	
发酵冷冻	将成形后的面圈用保鲜膜盖好，低温醒发40分钟或直接冷冻10分钟	
煮后烘烤	锅内加水，放少许砂糖，待水接近沸腾时，将贝果生坯表面朝下放入沸水中煮15秒，翻面再煮15秒捞出，放在烤盘上；放入烤箱，以上火230℃、下火200℃烘烤30分钟左右，烤至色泽棕黄即可	
产品特点	色泽棕黄，耐嚼鲜香	

5. 指点迷津

（1）贝果的面团要适当硬一些，如果太软，捏制成形和煮烫时面包坯易变形和吸水。

（2）将贝果捏制成形时，可以把面团排气、卷起，搓成长条，头尾相接做成环状。捏制成形时注意避免某些地方过薄或过厚，中间的圈不可过大，刚能穿过两根手指即可，如图2-28所示。

（3）掌握好贝果在水中煮的时间。煮的时间过长，贝果的表皮就会变得硬实缺乏膨胀性，在烘烤过程中很难胀发；煮的时间过短，则表皮仍旧保持柔软性，烘烤时面包坯会膨胀延伸，烤出的面包较轻没有重量感，质地较松。

图2-28　贝果捏制成形

（4）煮后的贝果表面可用全麦面粉、黑芝麻、坚果、多谷粒、杂粮粉、奶酪等进行装饰，以改善风味。

（5）贝果在烘烤时要观看表面色泽，因为面团较湿，不易上色，时间会较长。

6. 任务评价

通过本任务的学习，填写任务评价表，如表 2-12 所示。

表 2-12　任务评价表

项　目	自我评价			小组评价	教师评价
	A	B	C		
市场调研					
同类产品					
实践任务					

7. 学习与巩固

（1）贝果属于 ________ 面包，是一款在 ________ 和 ________ 流行的大众面包，后来被带入 ________，成了美国流行的面包之一。

（2）发酵好的贝果在沸水中煮制 ________ 秒，翻面再煮 ________ 秒。

项目3　松质面包

项目导入

松质面包又叫丹麦面包，因其发源地是维也纳，所以又常被称为维也纳起酥面包。

松质面包的特点是层次分明，口感酥松，内部组织松软，体积膨大有弹性，是脂肪含量最高、热量最高的面包，特别是其含饱和脂肪酸或反式脂肪酸较多。因此一些提倡健康饮食的人会使用较好的动物黄油来代替起酥油。

松质面包的制作方法与一般面包有所不同，它是将面粉、糖、酵母、水、鸡蛋、盐等基本材料搅拌成面团后，经过低温发酵后再包入黄油或起酥油，经过擀、叠、冷冻、擀片、成形、烘烤等程序而完成的。

面团中包入油脂后经过多次擀、叠后会形成很多层次，面皮和油脂互相隔离、不混淆。这类面包常见的产品有牛角面包、丹麦面包、果酱面包、巧克力面包等。

本项目分为3个任务，讲述了牛角面包（Croissant）、水果丹麦面包（Fruit Danish Bread）、丹麦巧克力布朗尼面包（Danish Chocolate Brownie Bread）的制作方法。

任务 3.1 牛角面包制作

牛角面包是一款法式面包，但并不起源于法国，而是发源地于维也纳。英文译音为“可颂”，一般做成牛角或羊角的形状。因此，牛角面包、可颂、羊角面包三个词都是指同一种面包。

牛角面包是起酥面包的一种，也叫丹麦面包，是面包中热量最高的，其特点是加入了黄油或起酥油。牛角面包加工工艺复杂，是在发酵面团里包入黄油或起酥油，经过反复擀、叠，利用油脂的润滑性和隔离性使面团产生清晰的层次，面皮和油脂互相隔离、不混淆。冷却后可撒防潮糖粉来装饰。它外壳酥脆，层次分明，口感酥软而不粘连，奶香味浓。

牛角面包是很多酒店早餐的标配，它既可以直接食用，又可以切开夹入火腿、奶酪、鸡蛋等制成三明治。

牛角面包成品如图 3-1 所示。扫描图片右侧二维码可以观看制作视频。

图 3-1　牛角面包成品

牛角面包制作

1. 任务目标

（1）了解牛角面包的来历及所使用的原料。

（2）掌握制作牛角面包的工艺流程和发酵工艺。

（3）熟练掌握牛角面包的开酥与成形制作技巧。

2. 知识学习

面包的形状与造型大都是通过手工来完成的，但有很多造型独特的产品需要借助工具和模具来完成，工具和模具可以使制品的形状与造型更完美。下面就将常用的制作面包的工具和模具进行简单的介绍。

（1）电子秤。电子秤是做面包最基本的工具，用来称量面团的准确重量，以保证面包的大小一致，如图 3-2 所示。电子秤最小能称到 0.1 克，最大能称到 15 千克。

（2）量杯。量杯是用来称量液体原料的用具，规格小的为 100 毫升，中等的为 500 毫升、1000 毫升，规格大的为 3000 毫升，如图 3-3 所示。量杯有塑料、玻璃、不锈钢等不同材质的。

（3）刮板。刮板又叫切面刀，主要用来分割面团、刮案板等，还可以用来铲取面团和制品，如图 3-4 所示。刮板有塑料和金属两种材质的。

图 3-2　电子秤

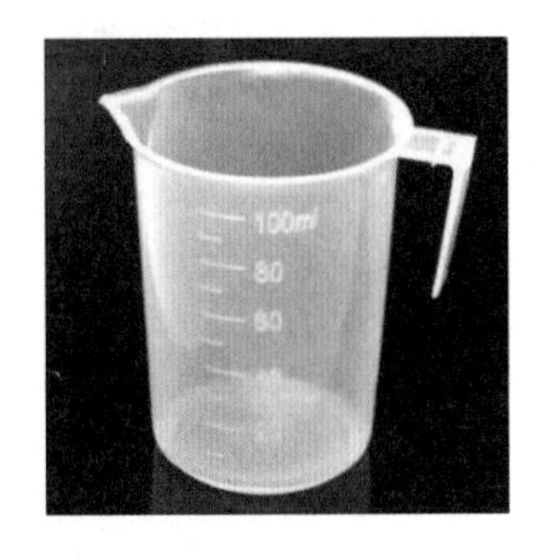

图 3-3　量杯

图 3-4　刮板

（4）温度计。温度计是用来测量面团发酵和液体加热时的温度的，以便根据温度来控制发酵时间和加热时间，如图 3-5 所示。温度计有探针式和红外式两种，探针式可以深入面团和液体内部进行测量，温度更加准确；红外式能够更快地测量面团和液体的表面温度，但测量得不够准确。

（5）粉筛。粉筛又叫网筛，主要用来过滤粉料和浆料中的杂质，通过过筛让粉料和浆料更加细腻，如图 3-6 所示。它既可以过滤粉类物质和液体类物质，又可以进行表面装饰。粉筛目数的规格决定了孔洞的大小，有木质、不锈钢材质两类，常见的有圆形粉筛、带手柄粉筛和小罐装粉筛 3 种。

（6）晾网。晾网又称网架，是用来冷却面包和糕点的用具，如图 3-7 所示。晾网通常用来放置刚出炉的面包和糕点，烘烤完的面包和糕点要迅速从烤盘或模具中取出来，及时散发热气进行冷却，避免被水汽浸湿，影响口感和外观饱满度。

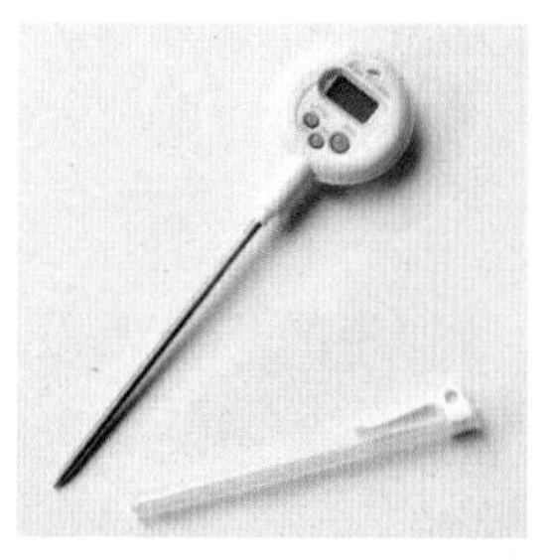

图 3-5　温度计

图 3-6　粉筛

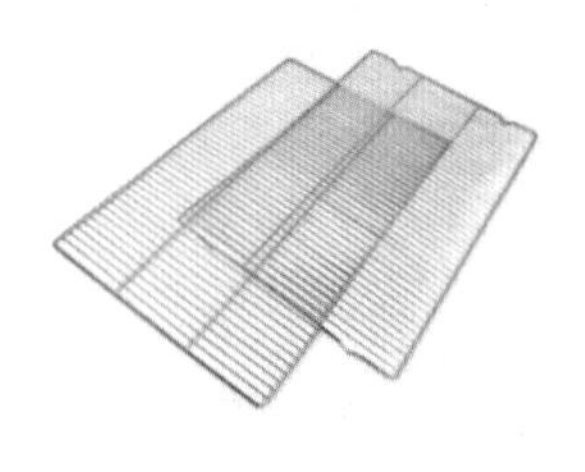
图 3-7　晾网

（7）烘焙手套。烘焙手套是用来拿取加热的烤盘或用具的工具，如图 3-8 所示。烘焙手套可以提高操作安全性，避免烫伤。烘焙手套有长短两种，分为棉质和耐高温两种材质。

（8）滚轮刀。滚轮刀是在面皮上根据需要的尺寸进行准确测量标记并进行裁割的工具，如图 3-9 所示。滚轮刀加快了分割面皮的速度，提高了准确度，使面皮分割更精准、更方便。例如，牛角包、水果丹麦面包等的成形分割都需要用到。

（9）滚针。滚针是在擀好的面皮上进行打孔的工具，如图 3-10 所示。打孔后，烘烤面皮不会再起大包，使制品更加平整美观，如制作圣诞饼干房子、拿破仑酥等都需要用到。滚针有塑料和不锈钢两种材质的。

图 3-8　烘焙手套

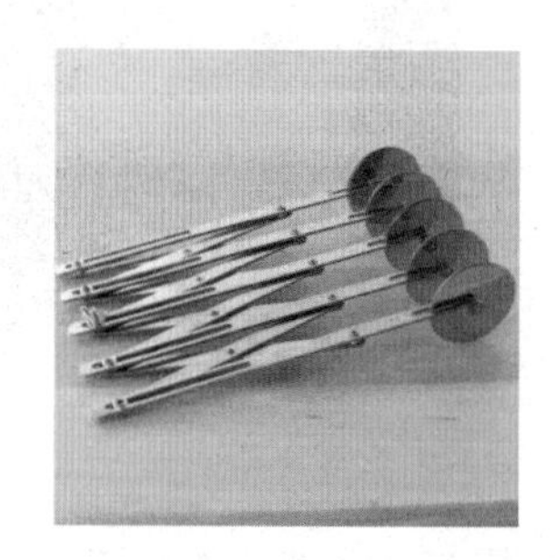
图 3-9　滚轮刀

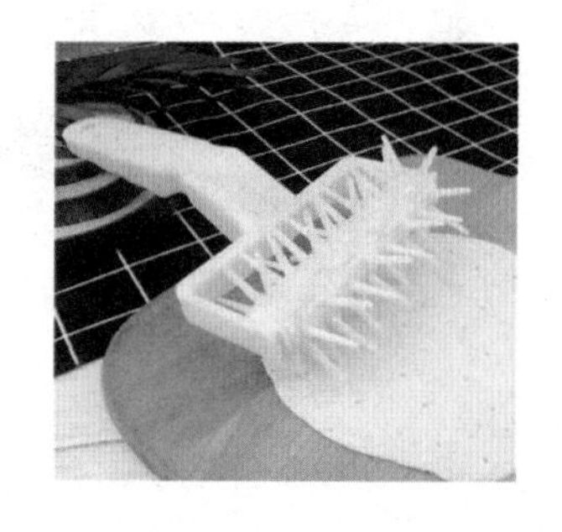
图 3-10　滚针

（10）拉网刀。拉网刀主要用于在面皮上划开网状的刀口，使面皮抻开后呈均匀的网状，覆盖在产品上可以使产品更加美观，如图 3-11 所示。拉网刀有塑料和不锈钢两种材质的。常用于制作酥皮苹果派、花式丹麦面包等。

（11）醒发布。醒发布又叫帆布，用于面包的成形醒发，如图 3-12 所示。醒发布可以使面包的温度更均匀，醒发程度更一致，也利于定型，常用于制作法棍、恰巴塔等。

（12）转移板。转移板用于将在醒发布上醒发好的面包快速转移到耐高温布上或烤盘内，如图 3-13 所示。转移板通常是木质的板材，可以保证面包的整体造型不变，有利于更好地烘烤，常用于制作法棍、恰巴塔等。

（13）割刀。割刀是用于割破面包表面并划出花纹的用具，如图 3-14 所示。目的是让面包能够更好地释放气体，形成漂亮的刀口。常用于制作法棍、软欧包等。

图 3-11　拉网刀

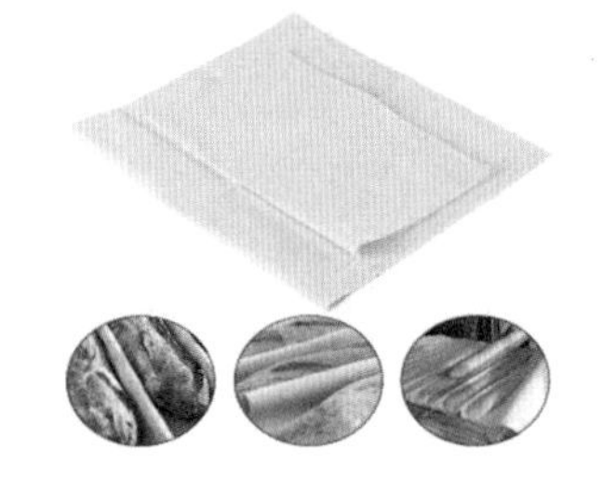

图 3-12　醒发布

图 3-13　转移板

（14）藤碗。藤碗主要用于欧包的醒发和定型，如图 3-15 所示。按形状，藤碗可分为圆藤碗、长藤碗、三角藤碗。另外，藤碗可分为带布的和不带布的，使用时一般会在内部表面撒一层面粉，带布的用于防止粘连，不带布的则可以让面包形成花纹。

（15）吐司盒。吐司盒用于面包的定型醒发，让吐司外形一致，如图 3-16 所示。现在的吐司盒形状多样，如长方形、正方形、八角圆柱形、心形等。另外，吐司盒有带涂层的和不带涂层的两种。

图 3-14　割刀

图 3-15　藤碗

图 3-16　吐司盒

（16）专用模具。专用模具又称特色模具，是专门为某款面包或饼点特别制作的一种模具，如图 3-17 和图 3-18 所示。甜甜圈、凯撒面包、菠萝包等都有其各自的专用模具。

图 3-17　专用模具（1）

图 3-18　专用模具（2）

3. 任务导入

熟练掌握牛角面包的制作工艺，能够根据配方和操作步骤制作牛角面包。

4. 任务实施

1）产品配方

牛角面包的配方如表 3-1 所示。

表 3-1 牛角面包的配方

原料名称	数量	图示
高筋面粉	800 克	
盐	16 克	
酵母	16 克	
砂糖	64 克	
水	344 克	
鸡蛋	80 克	
奶粉	40 克	
黄油	64 克	
老面	80 克	
起酥油	500 克	

2）工艺流程

搅拌面团→加盐黄油→冷冻面团→整理冷冻→面团包油→擀制面团→面团开酥→擀制面片→切割成形→卷制成形→成形醒发→烘烤成熟→成品。

3）操作步骤

牛角面包操作步骤一览表如表 3-2 所示。

表 3-2 牛角面包操作步骤一览表

步骤	制作方法	图示
搅拌面团	将高筋面粉、奶粉、酵母、砂糖、老面混合均匀，加入鸡蛋和水，搅拌成面团	
加盐黄油	将面团搅拌至不黏缸时，分别加入盐和黄油，搅拌至能拉出手套膜	
冷冻面团	将搅拌好的面团取出，整理光滑，擀成 2 厘米厚的方形面片，包好放入冰箱冷冻 2 个小时	

续表

步　骤	制 作 方 法	图　示
整理冷冻	将起酥油整理成方形，用油纸包好，擀压成大片后，进行冷冻	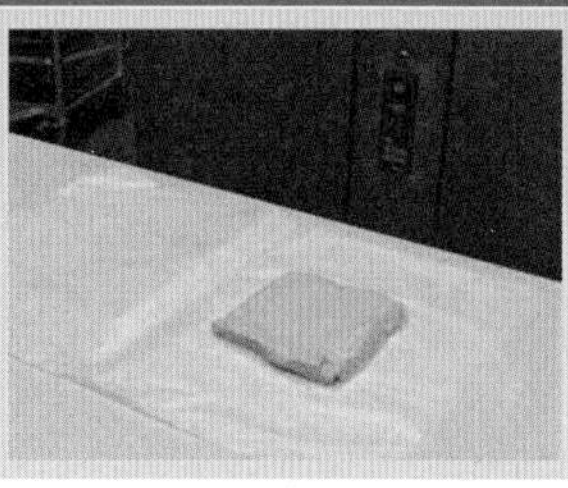
面团包油	将起酥油放在面皮的中央，将面皮的四个角向内折起，把起酥油包住，将四个角捏实，防止在擀的过程中漏油	
擀制面团	将包好的面片擀成长方形，力道要均匀，这样才能让起酥油在面团里面均匀分布	
面团开酥	将擀开的长方形面皮折成三折，放进冰箱冷冻 1 个小时左右，取出后再经过一次擀制，折成三折，放进冰箱冷冻 1 个小时左右	
擀制面片	进行最后一次开酥，依旧是擀开再进行折叠，可以是三折也可以是四折，最后擀至 3 毫米厚，冷冻 20 分钟	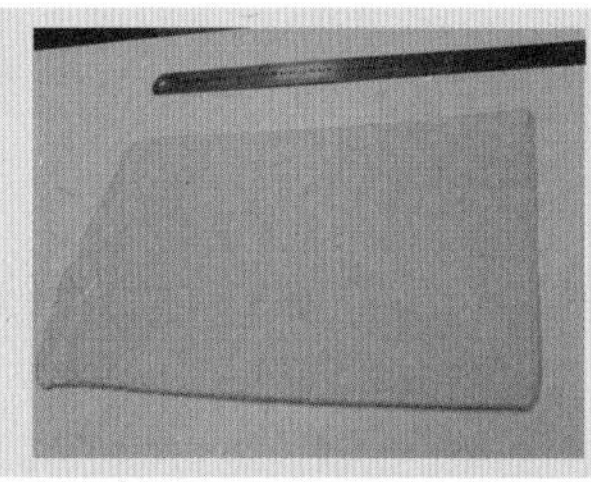
切割成形	将面片裁成底边为 12 厘米、高 25 厘米的等腰三角形，在三角形底边中心切开一个口	
卷制成形	将底边向上卷起，先卷紧两圈后再松松卷至尖部，收口在下，最后将其弯曲成牛角状	

续表

步　骤	制 作 方 法	图　示
成形醒发	将牛角面包生坯码入烤盘，表面刷一层鸡蛋液后放入醒发箱，温度为30℃、湿度为75%，醒发200～240分钟	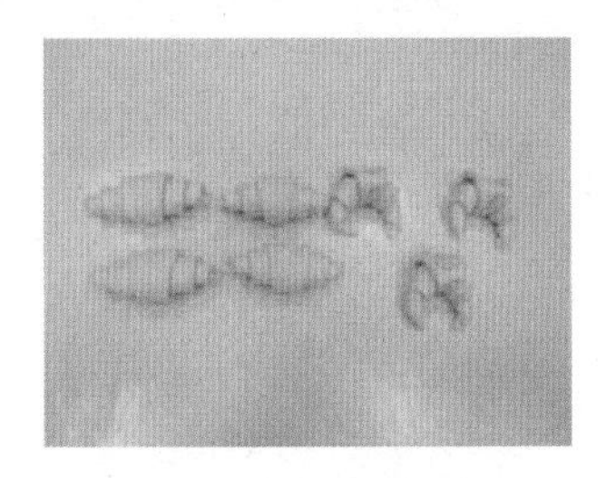
烘烤成熟	发酵至2倍大时即可取出，表面再次刷鸡蛋液。放入烤炉，以上火210℃、下火180℃，打蒸气2秒钟，烘烤18分钟左右，烤至色泽棕黄即可	
产品特点	色泽棕黄，酥松咸香，层次清晰，气孔均匀	

5. 指点迷津

（1）将四角向内折起包起酥油时要将四个角捏实，避免擀制时漏油。

（2）卷制时最初的两圈一定要卷紧，最后一圈要轻轻提捏一下，留出发酵膨胀的空间，避免表皮爆裂。

（3）鸡蛋搅拌均匀后要过筛，可以加入少许牛奶。面包生坯入醒发箱时刷一遍鸡蛋液，烘烤前再在表面刷一遍鸡蛋液，这样制品表皮的光亮度会更高。

6. 任务评价

通过本任务的学习，填写任务评价表，如表3-3所示。

表3-3　任务评价表

项　目	自我评价			小组评价	教师评价
	A	B	C		
市场调研同类产品					
实践任务					

7. 学习与巩固

（1）牛角面包是一款 ________，起源于 ________。

（2）将四角向内折起包起酥油时要 ________，避免擀制时漏油。

任务3.2　水果丹麦面包制作

水果丹麦面包是丹麦面包的花色造型面包，其开酥工艺与牛角面包一致，在造型的基础上添加了新鲜的水果做装饰，使外观更漂亮。

丹麦面包也叫起酥面包，同牛角面包一样也是在发酵面团中包入起酥油，经过反复压片、折叠，利用油脂的润滑性和隔离性使面团产生清晰的层次，面皮和油脂互相隔离、不混淆。

丹麦面包的品种多样，根据形状、馅料、口味不同，可分为不同的品种，如风车面包、巧克力丹麦面包、香肠丹麦面包、水果丹麦面包、培根丹麦面包等。这些都是点心类的面包，可作为下午茶和自助餐食用。网红产品脏脏包也是丹麦面包的一种。

另外，还有常见的果酱酥皮包，烘烤后添加卡仕达酱、奶油、水果等进行装饰，它外壳酥脆，内里甜香黏糯，并伴有水果的清香。

水果丹麦面包如图3-19所示。扫描图片右侧二维码可以观看制作视频。

图3-19　水果丹麦面包成品

水果丹麦面包制作

1．任务目标

（1）了解制作水果丹麦面包所使用的原料。

（2）掌握制作水果丹麦面包的工艺流程和发酵工艺。

（3）熟练掌握水果丹麦面包的成形制作和装饰技巧。

2．任务导入

熟练掌握水果丹麦面包的制作工艺，能够根据配方和操作步骤制作水果丹麦面包。

3. 任务实施

1）产品配方

水果丹麦面包的配方如表 3-4 所示。

表 3-4　水果丹麦面包的配方

原料名称	数量	图示
面包		
高筋面粉	800 克	
奶粉	40 克	
老面	80 克	
酵母	16 克	
盐	16 克	
砂糖	64 克	
水	344 克	
鸡蛋	80 克	
黄油	64 克	
起酥油	500 克	
酱料		
奶油奶酪	400 克	
防潮糖粉	10 克	
牛奶	300 克	
速溶吉士粉	100 克	
淡奶油	200 克	
时令水果	300 克	

2）工艺流程

搅拌面团→面团松弛→擀起酥油→包油擀制→开酥完成→改刀切片→面包成形→成形叠压→成形醒发→烤前装饰→制作酱料→挤入酱料→烤后装饰→成品。

3）操作步骤

水果丹麦面包操作步骤一览表如表 3-5 所示。

表 3-5　水果丹麦面包操作步骤一览表

步骤	制作方法	图示
搅拌面团	将高筋面粉、奶粉、酵母、砂糖、老面混合均匀，加入鸡蛋（剩余一部分）和水，搅拌成面团，待面团搅拌至不黏缸时加入盐和黄油，搅拌至能拉出手套膜	

续表

步　骤	制作方法	图　示
面团松弛	将搅拌好的面团取出，整理光滑，盖好，在室温下松弛20分钟；擀成1厘米厚的面片，冷冻5个小时	
擀起酥油	用擀面杖将起酥油擀为面片一半大小的长方形，放入冰箱冷藏	
包油擀制	将冻好的面片取出，待面片跟起酥油软硬一致时，将起酥油放在擀开的面片一侧，将面片对折包严，放在起酥机上压制开酥；反复进行3次折叠，前两次是三折，最后一次是四折	
开酥完成	将面片压成3毫米厚的大片，放入烤盘中冷冻30分钟左右	
改刀切片	将冷冻好的面片裁成12厘米×12厘米的正方形	
面包成形	将正方形面片对角折叠，在边缘1厘米处切开，对角处留1厘米不切断	
成形叠压	将折叠的正方形打开，在切开的两条边表面刷上鸡蛋液，再进行交叉叠压到边缘处，轻轻压实后码入烤盘	

续表

步　骤	制 作 方 法	图　示
成形醒发	放入醒发箱，醒发温度为30℃、湿度为75%，时间为60～100分钟，醒发至2倍大时即可取出	
烤前装饰	在表面刷鸡蛋液，中心部位用刷子轻轻压实，放入烤箱烘烤，以上火210℃、下火180℃烘烤15～18分钟，烤至色泽金黄即可	
制作酱料	将速溶吉士粉加入牛奶搅拌均匀后，将其加入淡奶油与奶油奶酪的混合物中搅拌均匀，即成奶油奶酪吉士酱，放入冰箱冷藏	
挤入酱料	面包冷却后，可在中间孔洞处挤入奶油奶酪吉士酱	
烤后装饰	将时令水果放在奶油奶酪吉士酱上面，再撒上防潮糖粉进行最后的装饰	
产品特点	色泽金黄，酥松香甜，甜而不腻	

4. 指点迷津

（1）水果丹麦面包成形切片时一定是正方形，这样才能保证后期的规整与美观，边长最小为10厘米，最大为15厘米。

（2）边缘切开的尺寸主要依据生坯整体的规格进行确定，通常是边长的10%～12%，不可过宽，否则会影响后面的装饰。

（3）在醒发后的水果丹麦面包生坯上刷鸡蛋液时要将中心轻轻压实，这样烘烤后才不会膨胀得太高，从而避免造成边缘膨胀歪斜，不利于挤入酱料。

5. 任务评价

通过本任务的学习，填写任务评价表，如表3-6所示。

表 3-6 任务评价表

项 目	自我评价			小组评价	教师评价
	A	B	C		
市场调研					
同类产品					
实践任务					

6. 学习与巩固

（1）丹麦面包也叫 ________，开酥工艺同 ________ 一致。网红产品 ________ 也是丹麦面包的一种。

（2）水果丹麦面包成形时在边缘 ________ 处切开，对角处留 ________ 不切断，在切开的两条边表面刷鸡蛋液，再进行 ________ 到边缘处，轻轻压实。

任务 3.3 丹麦巧克力布朗尼面包制作

丹麦巧克力布朗尼面包是一款维也纳起酥夹馅的创意面包。首先，制作的是起酥面片，在面片中放入可可粉制成的面片，实现了双色面皮的创意设计；其次，将巧克力布朗尼蛋糕作为内馅，搭配核桃仁和杏仁粉，烘烤切块，刷上朗姆酒，夹入维也纳起酥面包中，继续发酵和烘烤。巧克力的香甜配合坚果及朗姆酒的香味，给面包增添了许多趣味。这款面包双色表皮酥脆，蛋糕湿润甜香，营养丰富。另外，这款面包还可以更换多种馅心，如香蕉巧克力、水蜜桃奶酪等，将制作好的酱料挤成一指宽的长条形，冷冻硬实后当作馅心代替巧克力布朗尼蛋糕使用即可。

丹麦巧克力布朗尼面包成品如图 3-20 所示。扫描图片右侧二维码可以观看制作视频。

图 3-20 丹麦巧克力布朗尼面包成品

丹麦巧克力布朗尼面包制作

1. 任务目标

（1）了解制作丹麦巧克力布朗尼面包所使用的原料。

（2）掌握制作丹麦巧克力布朗尼面包的工艺流程。

（3）熟练掌握丹麦巧克力布朗尼面包的面皮包裹技巧。

（4）掌握丹麦巧克力布朗尼面包的成形制作技巧。

2. 任务导入

熟练掌握丹麦巧克力布朗尼面包的制作工艺，能够根据配方和操作步骤制作丹麦巧克力布朗尼面包。

3. 任务实施

1）产品配方

丹麦巧克力布朗尼面包的配方如表 3-7 所示。

表 3-7　丹麦巧克力布朗尼面包的配方

原料名称	数量	图示
面包		
高筋面粉	300 克	
低筋面粉	300 克	
鸡蛋	50 克	
酵母	8 克	
盐	15 克	
砂糖	70 克	
水	300 克	
黄油	30 克	
起酥油	360 克	
老面	180 克	
可可粉	10 克	
巧克力布朗尼蛋糕		
巧克力	100 克	
砂糖	100 克	
鸡蛋	100 克	
杏仁粉	100 克	
低筋面粉	20 克	
黄油	100 克	
核桃仁	100 克	

2）工艺流程

搅拌面团→分割发酵→面团调色→辅料加工→搅拌黄油→制作浆料→加入桃仁→抹平浆料→烘烤蛋糕→切制蛋糕→擀起酥油→擀制面片→包油擀制→面片拉长→贴制面片→切条贴面→压成薄片→卷制成形→最后醒发→烘烤成熟→成品。

3）操作步骤

丹麦巧克力布朗尼面包操作步骤一览表如表 3-8 所示。

表 3-8　丹麦巧克力布朗尼面包操作步骤一览表

步　骤	制作方法	图　示
搅拌面团	将高筋面粉、低筋面粉、酵母、砂糖、老面混合均匀，加入鸡蛋和水，搅拌成面团；待面团搅拌至不黏缸时加入盐和黄油，搅拌至能拉出手套膜	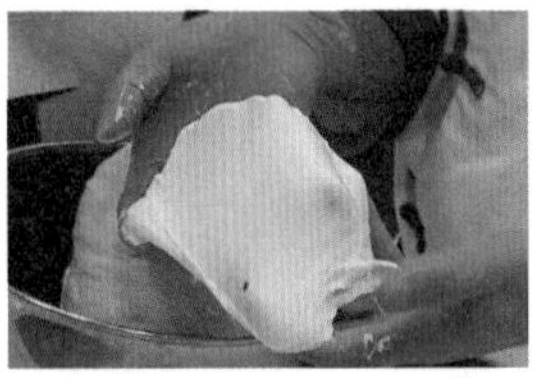
分割发酵	分割成 680 克 / 份的面团，用保鲜袋包好，松弛 30 分钟，然后擀成方块状	
面团调色	分割出 120 克面团加入 10 克可可粉搅拌均匀，做外层皮装饰；把和好的可可色面团擀成薄片后，极速冷冻 40 分钟转冷藏，备用	
辅料加工	将核桃仁以 150℃烘烤 12 ~ 15 分钟，掰成碎粒；将巧克力隔水溶化备用	
搅拌黄油	将黄油和砂糖搅拌均匀，稍微搅拌至微发状态；分次加入鸡蛋，慢慢搅拌均匀	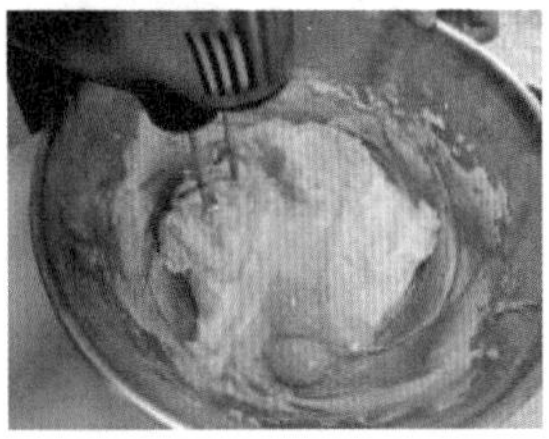
制作浆料	加入杏仁粉、低筋面粉搅拌均匀；再加入溶化的巧克力搅拌均匀	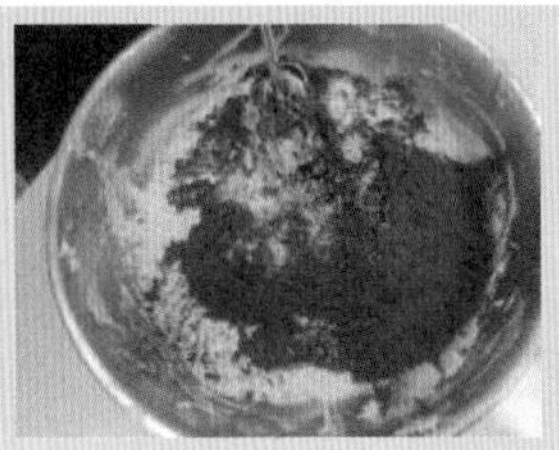

续表

步　骤	制作方法	图　示
加入桃仁	加入核桃仁碎搅拌均匀	
抹平浆料	把蛋糕浆料倒入模具或平盘里，抹平，振动后放入烤箱	
烘烤蛋糕	以上火180℃、下火160℃烘烤约20分钟出炉	
切制蛋糕	待蛋糕冷却后，将其切割成长8.5厘米、宽1.5厘米的长条，每个长条重约30克	
擀起酥油	将起酥油用擀面杖擀为面片一半大小的长方形，放入冰箱冷藏	
擀制面片	将面团取出，用擀面杖排气，擀成长方形	
包油擀制	将起酥油放在面片中间，将面片的两端在中间会合压紧，先轻轻擀制压薄，再上起酥机压长、压薄	

续表

步　骤	制 作 方 法	图　示
面片拉长	面片在起酥机上压薄后，进行两次四折折叠。每次折叠用小刀将两个侧面进行切割，以便面片延展，厚度为 5 毫米	
贴制面片	在面片上刷鸡蛋液，将隔夜的可可色面片盖在开好的酥皮上，按压平整，弃掉多余的边角料，轻轻擀压后就变成了双色面片，冷冻 20 分钟	
切条贴面	将冻好的双色面片取出，用刀子从右侧切成 2 毫米的薄片，码放在左侧面片的表面上轻压，依次重复切片、压片的动作，直到左侧的面片表面全部被覆盖，表面呈现出双色竖纹，放入冰箱继续冷冻 20 分钟后再进行开酥	
压成薄片	用起酥机将面片压成 3 毫米的薄片，使表面的双色竖纹清晰，将面片切割成 8.5 厘米 ×17 厘米的长方形片，翻面后冷藏 20 分钟	
卷制成形	将冻好的面片取出，在面片顶部或底部放上蛋糕条，卷起来后，收口向下，将半成品放入模具中	
最后醒发	将模具放入醒发箱，温度为 28℃、湿度为 70%，最后醒发 90 分钟左右	
烘烤成熟	将醒发好的面包取出，在表面刷上鸡蛋液，入炉烘烤，以上火 210 ℃、下火 180 ℃烘烤 13 ～ 15 分钟即可出炉	
产品特点	色泽金黄，酥松香甜，蛋糕松软	

4. 指点迷津

（1）面包双色面皮的色彩可以自己选择，可以选用抹茶粉、可可粉、红曲粉、紫薯粉等。

（2）表面双色竖纹的粗细取决于装饰面片的厚度。

（3）夹心蛋糕最好选用重磅蛋糕或英式水果蛋糕，口味随意，如果是海绵蛋糕则效果较差。

5. 任务评价

通过本任务的学习，填写任务评价表，如表 3-9 所示。

表 3-9 任务评价表

项 目	自我评价			小组评价	教师评价
	A	B	C		
市场调研					
同类产品					
实践任务					

6. 学习与巩固

（1）丹麦巧克力布朗尼面包是一款 ________ 的创意面包，是 _____ 和 ______ 的结合品。

（2）丹麦巧克力布朗尼面包的表面花纹由 ________ 贴制，再用起酥机压制而成。

项目 4　脆皮面包

项目导入

脆皮面包是最健康的一种面包，不含任何添加剂，仅以面粉、盐、水、酵母 4 种原料制作而成。因为配方中含有大量的水分及酵母，并且成形后有充分的发酵时间，所以面团中的面筋质充分伸展，从而使面包体积膨大，内部充满空气，变得松软可口。因为受到热蒸气的影响，面包烘烤后表皮坚硬，出炉后表皮崩裂、咔咔作响，因此又被称为“会唱歌的面包”。

脆皮面包具有表皮酥脆、内芯柔软且稍具韧性，经久耐嚼、越吃越香、充满浓郁麦香味的特点。脆皮面包在烤制前，需要喷几秒蒸气，保持较高的温度，这有利于面包的受热，使其胀发均匀。

脆皮面包的制作工艺与一般面包一致，但多采用隔夜面种法进行发酵，调制好面团后又采取低温发酵的方法，因此制作出的面包口感风味比较独特。

本项目分为 2 个任务，讲述了法棍（Baguette）和恰巴塔（Ciabatta）的制作方法。法棍和恰巴塔这两款产品都是世界面包大赛的指定品种，后面针对比赛的考核标准进行了详细的讲解。

任务 4.1　法棍制作

法棍是最经典的一款法式面包。它是由 19 世纪中期奥地利维也纳的面包工艺传承下来的，那时是用一种叫作 Deck（意为厚底板）的烤炉制作的。Deck 是一种由传统的砖炉和气炉结合而成的烤炉，在烘烤时需要注入蒸气。蒸气可以使面包外皮在高温加热下快速定型，面包受热膨胀后使其表面的裂口逐步均匀爆开，最后形成一个又轻又有空气感的面包。

法棍因外形像一条长长的棍子，所以俗称法棍。法棍是世界上独一无二的最传统的法式面包，营养丰富。法棍的配方很简单，只有面粉、水、盐和酵母 4 种基本原料。在法国，法棍的形状和重量都有统一的标准，一个典型的法棍重 250 ～ 300 克，斜切必须有 5 或 7 道裂口。

法棍的外皮脆而不碎，具有表皮酥脆、金黄，内芯松软、多孔，轻嗅麦香味扑鼻等特点。

法棍成品如图 4-1 所示。扫描图片右侧二维码可以观看制作视频。

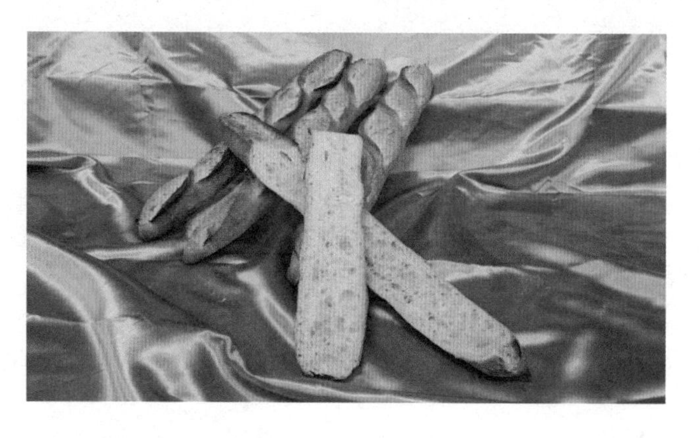

图 4-1　法棍成品

法棍制作

1. 任务目标

（1）了解法棍的来历及所使用的原料。

（2）掌握制作法棍的工艺流程。

（3）熟练掌握法棍的成形制作技巧。

（4）掌握法棍的划口手法。

2. 知识学习

1）法棍划口的标准

（1）法棍表皮一般划 5 或 7 刀，向上倾斜 20°，每刀的长度是 10 厘米，间隔是 2 厘米。

（2）法棍的外形，直径不小于 7 厘米，刀口只能是单数。

（3）法棍划口讲究破皮不破肉，动作快速，否则就会把面包划瘫掉。

2）法棍的爆口

将法棍划口后放入烤箱，在热蒸气的烘烤下，切口逐渐爆开，表皮也随着持续的加热不断裂出小口。出炉后拿取一根法棍，鼻尖迅速弥漫起麦香味，放在耳边可以听到清脆的爆裂声音，无比美妙，这就是法棍的魅力。

正确划口可以让面团内部的压力不断释放。由于法棍生坯一开始进入烤箱就要喷蒸气，温度会迅速上升，面坯的表面逐渐变硬定型，面坯底部的热量源源不断地向上传递，将面坯内部的二氧化碳与水汽化成水蒸气，向划口方向上升，在内部压力的冲击下，划口完美地爆开。

3）法棍划口图解

（1）首先，手指捏在割刀的末端，不要像握菜刀那样握住整个刀柄，如图 4-2 所示。

（2）其次，割刀和面包表面要呈 30°～45° 夹角，如图 4-3 所示。

（3）最后，切割时，一只手轻轻捏住面包坯一端起固定作用，另一只手动作要迅速、一致，切割深度大概为 1 厘米，如图 4-4 所示。

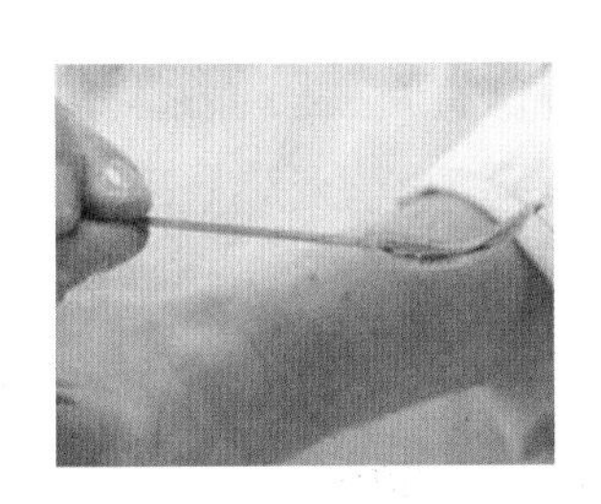

图 4-2 手指捏在割刀的末端

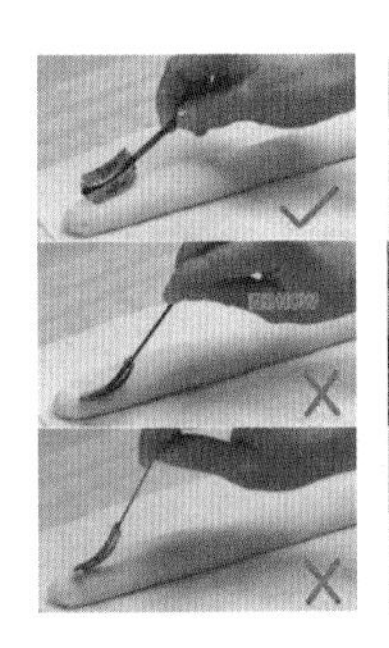

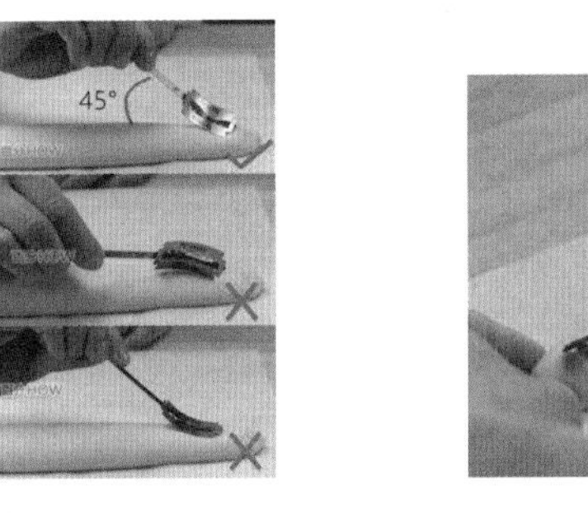

图 4-3 割刀与面包表面的夹角

图 4-4 切割

法棍划口的动作——坚定、整齐、一致。虽然看起来好像很简单，但是因为面团十分柔软，所以在实际操作时还是有一定难度的，特别是烘焙新手，一定要多练习才能划得又快又稳，这样烤出来的花纹才会整齐划一，非常漂亮。

4）世界面包大赛法棍考核标准

（1）传统法棍只能使用面粉（T65 传统法式面粉，不含添加剂）、盐、水、酵母制作。

（2）标准长度：55～65 厘米。

（3）标准重量：250～300 克。

（4）盐在每千克面粉中的含量为 18 克。

（5）长度和重量上下浮动不超过 5%。

5）法棍的感官评价标准

（1）视觉：表皮呈现金棕色，爆口自然、割口整齐、破皮不破肉，有漂亮的“耳朵”，外皮薄脆均匀，表皮有裂纹。切开的面包芯呈现奶油色，气孔均匀饱满，法棍两头也有气孔分布。

（2）听觉：出炉的时候有“噼里啪啦”的爆裂声，这是法棍内部气孔疏密均匀的表现。

（3）嗅觉：麦香味浓郁，带着焦糖烤栗子的香味，甚至还能闻到天然发酵的微酸味。

（4）味觉：刚出炉的新鲜法棍并不硬。皮较薄，外脆里软。外皮焦香酥脆，面包芯湿润柔韧，浓郁麦香中夹杂着天然发酵的微酸风味，回味无穷。

（5）触觉：法棍表皮硬实，从一头拿起，直立不弯，“耳朵”边缘更加脆硬。

3. 任务导入

熟练掌握法棍的制作工艺，能够根据配方和操作步骤制作法棍。

4. 任务实施

1）产品配方

法棍的配方如表 4-1 所示。

表 4-1 法棍的配方

原料名称	数量	图示
高筋面粉	1500 克	
老面	300 克	
盐	12 克	
酵母	15 克	
冰水	1000 克	

2）工艺流程

搅拌面团→加盐搅拌→面筋出膜→常温醒面→分割面团→中间发酵→法棍成形→转移包坯→表面划口→烘烤成熟→自然冷却→成品。

3）操作步骤

法棍操作步骤一览表如表 4-2 所示。

表 4-2　法棍操作步骤一览表

步　骤	制 作 方 法	图　示
搅拌面团	将高筋面粉、老面、酵母、冰水混合均匀，搅拌成面团	
加盐搅拌	待面团搅拌到光滑细腻时加入盐，将盐搅化	
面筋出膜	将面团搅拌至能拉出手套膜即可	
常温醒面	将打好的面团常温醒发 1 小时，取出翻面，再继续醒发 1 小时左右	
分割面团	将发好的面团分成 350 克 / 份的小剂子	
中间发酵	将面团稍稍卷起成圆柱形即可，放在醒发布上继续常温醒发 1 小时左右，发至 1.5 倍大	
法棍成形	将发好的面坯卷、砸、搓成棍形，放在醒发布上常温发酵 1 小时左右	
转移包坯	把发酵好的面包从醒发布上转移到高温布上，准备烘烤	

续表

步骤	制作方法	图示
表面划口	用割刀在法棍表面轻划 5 道刀口	
烘烤成熟	将烤箱预热至上火 250℃、下火 220℃，放入整形好的法棍，喷蒸气 5 秒，烤制 20 分钟左右，至表面色泽金黄微微泛棕红色即可	
自然冷却	面包出炉后，自然冷却	
产品特点	色泽金棕，表皮脆硬，内芯柔软，气孔均匀	

5. 指点迷津

（1）法棍的面团较软，分割后不要用力滚圆，这样会导致面包后面的刀口膨胀力弱，折叠成棍形即可。

（2）法棍的成形对划口爆开非常重要。法棍是面包中最难操作的面包之一，成形需要尽可能地保持面团内部的二氧化碳，保持表面光滑，而且要保持粗细一致。

（3）如果烤箱不带蒸气，烘烤时刀口裂不开，可以在割完面包的刀口上挤上黄油，让刀口裂得更好看一些。

6. 任务评价

通过本任务的学习，填写任务评价表，如表 4-3 所示。

表 4-3　任务评价表

项目	自我评价			小组评价	教师评价
	A	B	C		
市场调研同类产品					
实践任务					

7. 学习与巩固

（1）法棍是最经典的一款________。它是由 19 世纪中期________的面包工艺传承下来的。

（2）法棍标准重量是 ________ 克，斜切必须有 ________ 道裂口。划刀口时，每刀的长度是 ________，间隔是 2 厘米。

任务 4.2　恰巴塔制作

恰巴塔在意大利语中是“拖鞋”的意思，是一种相对扁平、形状不规则的面包，经低温慢发酵制作而成。

恰巴塔表皮酥脆，内芯柔软且富有弹性，孔洞大，含水量高，质地轻盈，脆硬的表皮与柔软多孔的面包芯形成了鲜明的对比，表现出了意大利面包的筋道和乡土美味。因为恰巴塔面团的含水量很高，面团很软，很难操作，所以最好使用和面机或面包机和面，手工和面会让人忍不住加入太多面粉，造型时只需要用刮板适当规整即可。20 世纪后半叶，恰巴塔成为整个意大利的非官方国家面包，目前也是全球流行的三明治面包品种。

恰巴塔成品如图 4-5 所示。扫描图片右侧二维码可以观看制作视频。

图 4-5　恰巴塔成品

恰巴塔制作

1. 任务目标

（1）了解制作恰巴塔所使用的原料。

（2）掌握制作恰巴塔的工艺流程。

（3）熟练掌握恰巴塔的成形制作技巧与烘烤技术。

2. 任务导入

熟练掌握恰巴塔的制作工艺，能够根据配方和操作步骤制作恰巴塔。

3. 任务实施

1）产品配方

恰巴塔的配方如表 4-4 所示。

表 4-4　恰巴塔的配方

原料名称	数　量	图　示
高筋面粉	800 克	
冰水	670 克	
老面	160 克	
酵母	12 克	
盐	8 克	
橄榄油	40 克	

2）工艺流程

搅拌面团→加入油盐→拉手套膜→松弛面团→翻面发酵→分割面团→成形醒发→转移面团→烘烤成熟→冷却包装→成品。

3）操作步骤

恰巴塔操作步骤一览表如表 4-5 所示。

表 4-5　恰巴塔操作步骤一览表

步　骤	制作方法	图　示
搅拌面团	将高筋面粉、酵母、老面、4/5 冰水先慢速搅拌至没有干粉，再快速搅拌至面团表面光滑细腻，放入剩余的 1/5 冰水，继续将面团搅拌均匀	
加入油盐	分次放入橄榄油，搅拌均匀后，放入盐，继续搅拌	
拉手套膜	搅拌至扩展状态，可以拉出手套膜即可	

续表

步　骤	制作方法	图　示
松弛面团	在案台和手上沾少许橄榄油，发酵盒内刷少许橄榄油；取出面团稍微整理，将面团放入发酵盒内，常温发酵 1 小时	
翻面发酵	翻面，常温发酵 1 小时，再翻面，以 15℃醒发 90 分钟	
分割面团	将面团分割成块状，约 280 克 / 块	
成形醒发	将面团轻轻放在醒发布上，用刮板整理成长方形，继续常温醒发 40 ～ 60 分钟	
转移面团	将醒发后的面团转移到高温布上，面团顶部撒少许面粉装饰或刷橄榄油	
烘烤成熟	放入烤箱，打 5 秒蒸气，以上火 250℃、下火 210℃烘烤 20 分钟左右，打开风门排气约 5 分钟	
冷却包装	将面包从烤箱中取出后放晾网上冷却，冷却好后进行包装	
产品特点	色泽棕黄，表皮脆硬，孔洞均匀，内芯柔软	

4. 指点迷津

（1）老面能让面团更加柔软湿润，增添风味，并延长面包的保质期。

（2）烤之前在恰巴塔面团表面筛面粉，这样会使它具有诱人的外表，但不能过早筛面粉，会被面团吸收；也可以在表面刷橄榄油进行装饰。

（3）烘烤过程中，不可轻易打开烤箱，防止蒸气散失。

5. 任务评价

通过本任务的学习，填写任务评价表，如表 4-6 所示。

表 4-6　任务评价表

项　目	自我评价			小组评价	教师评价
	A	B	C		
市场调研					
同类产品					
实践任务					

6. 学习与巩固

（1）恰巴塔在意大利语中是“________”的意思，是一种相对 ________ 的面包。

（2）恰巴塔面团的含水量很高，________，很难操作，造型时只需要用 ________ 适当规整即可。

项目 5　创意三明治

项目导入

创意三明治是对轻食的一种借鉴，是指将前面制作的面包进行再加工，制作成多种口味的三明治。

创意三明治是当下流行的轻食产品的一个种类，轻食主要包括三明治、比萨、法式馅饼、意面、沙拉等。

轻食，意指轻奢健康饮食。它是当下新兴的饮食理念和全新的快餐形式，既满足了年轻人简便、美味的需求，又满足了健康养生的需求，因此成为“健康营养+”的烘焙热销品，为快餐创业者开启了一扇通向成功的大门！

创意三明治多以面包为主，也可以搭配品种丰富的蔬菜、肉食、海鲜等，多采用烤、煎、炸等技法。

创意三明治制作简单、出餐时间短，制作食材便于预制、冷藏；产品搭配自由、可甜可咸、创意无限；色彩搭配美观，能带给大家丰富的味觉享受和高品质的美食体验。

本项目分为 4 个任务，讲述了贝果牛油果三明治（Bagel Avocado Sandwich）、恰巴塔火腿三明治（Ciabatta Ham Sandwich）、吐司金枪鱼三明治（Tuna Sandwich on Toast）、法棍培根三明治（Baguette Bacon Sandwich）的制作方法。这几个产品都是将前面制作的面包进行再加工，突出了对健康面包制品的设计与创意。

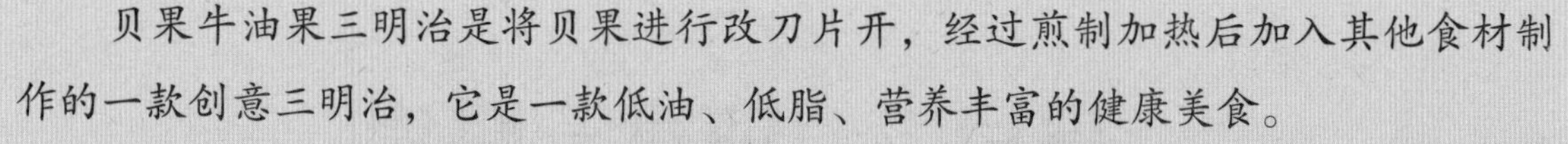

任务5.1　贝果牛油果三明治制作

产品介绍

贝果牛油果三明治是将贝果进行改刀片开，经过煎制加热后加入其他食材制作的一款创意三明治，它是一款低油、低脂、营养丰富的健康美食。

人们可以依据自己的喜好结合多种食材进行创意，制作出多款三明治。贝果牛油果三明治是健康早餐及简餐的代表，深受健身养生人士的欢迎。

贝果牛油果三明治成品如图5-1所示。扫描图片右侧二维码可以观看制作视频。

图5-1　贝果牛油果三明治成品

贝果牛油果三明治制作

1. 任务目标

（1）了解制作贝果牛油果三明治所使用的原料。

（2）掌握制作贝果牛油果三明治的工艺流程。

（3）掌握贝果牛油果三明治的制作手法和技巧。

2. 任务导入

熟练掌握贝果牛油果三明治的制作工艺，能够根据配方和操作步骤制作贝果牛油果三明治。

3. 任务实施

1）产品配方

贝果牛油果三明治的配方如表5-1所示。

表 5-1　贝果牛油果三明治的配方

原料名称	数　量	图　示
贝果	160 克	
牛油果	100 克	
鸡蛋	100 克	
芝士片	50 克	
千岛酱	100 克	

2）工艺流程

煎制鸡蛋→切牛油果→贝果加工→煎制贝果→贝果组装→放入鸡蛋→放牛油果→挤上酱料→组合完成→成品。

3）操作步骤

贝果牛油果三明治操作步骤一览表如表 5-2 所示。

表 5-2　贝果牛油果三明治操作步骤一览表

步　骤	制作方法	图　示
煎制鸡蛋	将鸡蛋在电饼铛里煎至两面熟	
切牛油果	将牛油果洗净，从中间切开，去核，去外皮，切成薄片	
贝果加工	将贝果从中间切开	
煎制贝果	将贝果放在电饼铛里加热 30 秒	
贝果组装	将贝果码放在砧板上，先放上一层芝士片	

续表

步　骤	制 作 方 法	图　示
放入鸡蛋	放上煎鸡蛋	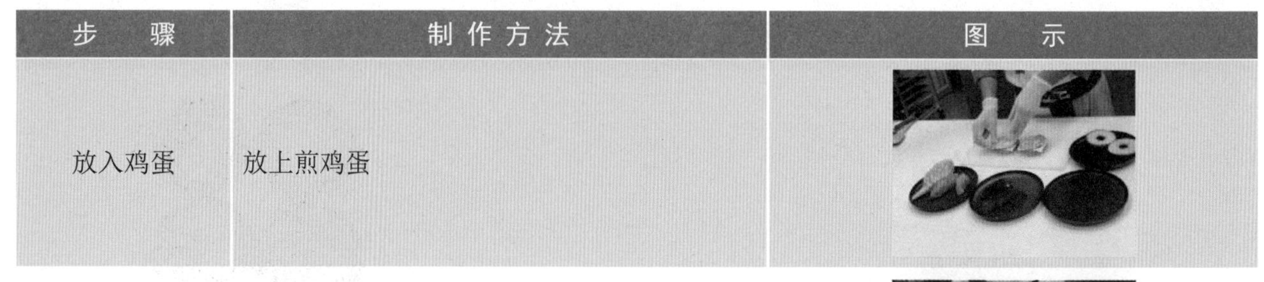
放牛油果	放上牛油果片，码成圆形	
挤上酱料	再放上一层芝士片，挤上千岛酱	
组合完成	盖上顶部贝果	
产品特点	色彩搭配艳丽，口感软嫩	

4. 指点迷津

（1）贝果加工可以先切开再加热也可以整个烘烤加热再切开。

（2）制作贝果牛油果三明治可以把鸡蛋替换成鲜虾，这样色彩和营养都更丰富。

5. 任务评价

通过本任务的学习，填写任务评价表，如表 5-3 所示。

表 5-3　任务评价表

项　目	自 我 评 价			小 组 评 价	教 师 评 价
	A	B	C		
市场调研 同类产品					
实践任务					

6. 学习与巩固

（1）贝果牛油果三明治是一款 ________ 三明治，也是一款 ________、________、营养丰富的健康美食。

（2）制作贝果牛油果三明治还可以把 ________ 替换成 ________，这样色彩和营养都更丰富。

任务 5.2　恰巴塔火腿三明治制作

恰巴塔火腿三明治是用恰巴塔制作的一款创意三明治，恰巴塔本身就是低油、低脂的健康面包，加上火腿、奶酪及生菜，营养更丰富，是健康减脂期的早餐代表，深受健身养生人士的欢迎。

恰巴塔还可以搭配鲜虾、培根、三文鱼等食材，制作出更多口感丰富的三明治。

食材的顺序可以随心所欲，但要注意色彩搭配的合理性与美观度。

恰巴塔火腿三明治成品如图 5-2 所示。扫描图片右侧二维码可以观看制作视频。

图 5-2　恰巴塔火腿三明治成品

恰巴塔火腿三明治制作

1. 任务目标

（1）了解制作恰巴塔火腿三明治所使用的原料。

（2）掌握制作恰巴塔火腿三明治的工艺流程。

（3）掌握恰巴塔火腿三明治的制作手法和技巧。

2. 任务导入

熟练掌握恰巴塔火腿三明治的制作工艺，能够根据配方和操作步骤制作恰巴塔火腿三明治。

3. 任务实施

1）产品配方

恰巴塔火腿三明治的配方如表 5-4 所示。

表 5-4　恰巴塔火腿三明治的配方

原料名称	数　量	图　示
恰巴塔	160 克	
火腿片	225 克	
鸡蛋	100 克	
芝士片	50 克	
生菜	50 克	
番茄沙司	100 克	

2）工艺流程

煎制鸡蛋→煎制火腿→面包加工→加蛋淋酱→加入其他→合起面包→成品。

3）操作步骤

恰巴塔火腿三明治操作步骤一览表如表 5-5 所示。

表 5-5　恰巴塔火腿三明治操作步骤一览表

步　骤	制作方法	图　示
煎制鸡蛋	将鸡蛋在电饼铛里煎至两面熟	
煎制火腿	将火腿在电饼铛里煎至两面微变色	
面包加工	将恰巴塔放在烤箱中加热一下，再用刀从中间片开不切断	
加蛋淋酱	将生菜洗净，掰碎；在其中一半面包上先放上生菜再放上煎鸡蛋，表面淋上番茄沙司	
加入其他	依次放上芝士片和火腿片	

续表

步　骤	制 作 方 法	图　示
合起面包	将两半面包合起来	
产品特点	色彩搭配艳丽，营养丰富	

4. 指点迷津

（1）恰巴塔可以整个加热后再片开，也可以先片开后加热。

（2）三明治中可以加入酸黄瓜但要配沙拉酱或千岛酱，配番茄沙司口感偏酸，当然也可以随个人喜好随意搭配。

5. 任务评价

通过本任务的学习，填写任务评价表，如表 5-6 所示。

表 5-6　任务评价表

项　目	自 我 评 价			小 组 评 价	教 师 评 价
	A	B	C		
市场调研					
同类产品					
实践任务					

6. 学习与巩固

（1）恰巴塔还可以搭配________、________、三文鱼等食材，制作出更多口感丰富的三明治。

（2）食材的顺序可以________，但要注意________的合理性与________。

任务 5.3　吐司金枪鱼三明治制作

吐司金枪鱼三明治是将吐司面包切片后，进行煎制或烘烤加热，再加入金枪鱼等食材制成的一款创意三明治，它是一款高蛋白、低油、低脂、营养丰富的健康美食，是早餐和酒店自助餐的常见品种，深受大家的喜爱。

吐司面包片可以与多种食材相结合，制作成口味多样的创意三明治。例如，巧克力香蕉吐司卷就是将吐司面包片放在电饼铛或多士炉中烘烤至两面金黄，再涂抹上溶化的巧克力酱，裹住香蕉果肉卷成卷制成的。将其斜切一刀码在盘中，再搭配时令水果，即为一道营养丰富的下午茶点。

吐司金枪鱼三明治成品如图5-3所示。扫描图片右侧二维码可以观看制作视频。

图 5-3　吐司金枪鱼三明治成品

吐司金枪鱼三明治制作

1. 任务目标

（1）了解制作吐司金枪鱼三明治所使用的原料。

（2）掌握制作吐司金枪鱼三明治的工艺流程。

（3）掌握吐司金枪鱼三明治的操作手法和技巧。

2. 任务导入

熟练掌握吐司金枪鱼三明治的制作工艺，能够根据配方和操作步骤制作吐司金枪鱼三明治。

3. 任务实施

1）产品配方

吐司金枪鱼三明治的配方如表5-7所示。

表 5-7　吐司金枪鱼三明治的配方

原料名称	数　量	图　示
吐司面包片	300 克	
金枪鱼罐头	140 克	
甜玉米粒	230 克	
生菜	50 克	
西红柿	70 克	
沙拉酱	100 克	

2）工艺流程

加工生菜→切西红柿→制作沙拉→加酱搅拌→煎制面包→面包加工→放上沙拉→按压吐司→包裹切开→成品。

3）操作步骤

吐司金枪鱼三明治操作步骤一览表如表 5-8 所示。

表 5-8　吐司金枪鱼三明治操作步骤一览表

步　骤	制作方法	图　示
加工生菜	将甜玉米粒用水冲洗后沥水；将生菜洗净，切成细丝	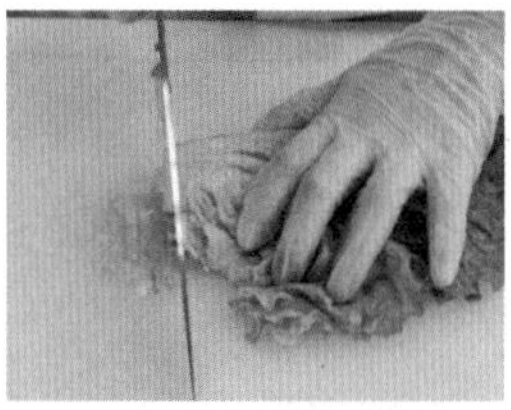
切西红柿	将西红柿洗净，切成小丁	
制作沙拉	将生菜丝倒在盆里，加入甜玉米粒、西红柿丁和金枪鱼罐头	
加酱搅拌	加入沙拉酱搅拌均匀	
煎制面包	将吐司面包片放在电饼铛中，煎至两面微微金黄取出	
面包加工	将煎好的吐司面包片去掉四周的外皮	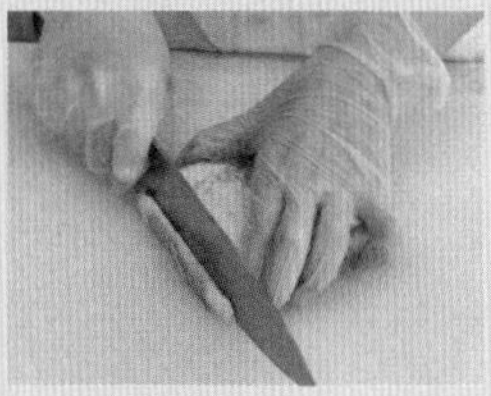
放上沙拉	取两片或三片吐司面包片，放上拌好的沙拉，四周留 1 厘米白边	

续表

步　骤	制作方法	图　示
按压吐司	放好沙拉后，再盖上一片吐司面包片，轻轻压实	
包裹切开	将做好的吐司金枪鱼三明治放在烘焙纸上进行包裹；用刀子将其切开，可以采取对角切或直切，就可以得到三角形或长方形的三明治了	
产品特点	色彩搭配艳丽，口感软嫩鲜香	

4. 指点迷津

（1）制作吐司金枪鱼三明治使用的吐司面包片经过烘烤或煎制后，必须切掉四周的外皮。一是为了美观，保证吐司面包片的口感软糯一致；二是为了减少苯并吡的摄入。

（2）在两片吐司面包片之间加入沙拉或馅料时，必须留有 1 厘米左右的白边，避免馅料溢出，确保产品切开销售时外观洁净美观。

5. 任务评价

通过本任务的学习，填写任务评价表，如表 5-9 所示。

表 5-9　任务评价表

项　目	自我评价			小组评价	教师评价
	A	B	C		
市场调研同类产品					
实践任务					

6. 学习与巩固

（1）吐司金枪鱼三明治是将吐司面包切片后，进行 ________ 加热，再加入 ________ 等食材制成的一款创意三明治。

（2）将煎好的吐司面包片去掉四周的 ________，涂抹上拌好的 ________，四周边缘留 ________，再盖上一片吐司面包片，________，用烘焙纸包好，用刀子将其切开，可以采用 ________，就可以得到三角形或长方形的三明治了。

任务 5.4　法棍培根三明治制作

法棍培根三明治是将法棍切成段后再从中间片开，把切开的法棍内部煎至上色后，与煎制好的培根和蔬菜进行组合制作的一款创意三明治，它是一款富含维生素、蛋白质和少量脂肪的营养丰富的轻食，是酒店自助早餐和下午茶的必备产品，深受大家的喜爱。

法棍可以与金枪鱼、三文鱼、火腿、鸡蛋及蔬菜等食材组合制作出多款不同口味的三明治，还可以做成很多小食，如蒜香法棍、焦糖法棍、面包布丁等。

法棍培根三明治成品如图 5-4 所示。扫描图片右侧二维码可以观看制作视频。

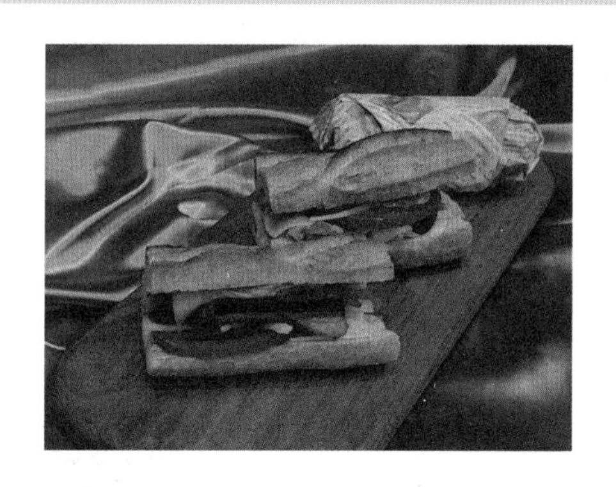

图 5-4　法棍培根三明治成品

法棍培根三明治制作

1. 任务目标

（1）了解制作法棍培根三明治所使用的原料。

（2）掌握制作法棍培根三明治的工艺流程。

（3）掌握法棍培根三明治的操作手法和技巧。

2. 任务导入

熟练掌握法棍培根三明治的制作工艺，能够根据配方和操作步骤制作法棍培根三明治。

3. 任务实施

1）产品配方

法棍培根三明治的配方如表 5-10 所示。

表 5-10　法棍培根三明治的配方

原料名称	数　量	图　示
法棍	250 克	
培根	250 克	
酸黄瓜	120 克	
生菜	150 克	
西红柿	70 克	
洋葱	120 克	
高纤奶酪片	85 克	
千岛酱	100 克	

2）工艺流程

切西红柿→加工洋葱→加工黄瓜→煎制培根→加工面包→煎制法棍→抹酱放菜→放奶酪片→放上培根→放上其他→成品。

3）操作步骤

法棍培根三明治操作步骤一览表如表 5-11 所示。

表 5-11　法棍培根三明治操作步骤一览表

步　骤	制作方法	图　示
切西红柿	将生菜洗净，掰成片；将西红柿切成片	
加工洋葱	将洋葱去皮洗净，切丝	
加工黄瓜	将酸黄瓜过水，切片	
煎制培根	将培根煎至两面变色	
加工面包	将法棍去掉两头，分成三段；从中间片开不切断	

续表

步　骤	制作方法	图　示
煎制法棍	把法棍掰开后扣在电饼铛里，煎至微微变色后取出	
抹酱放菜	在法棍上先抹一层千岛酱，再放一层生菜	
放奶酪片	将高纤奶酪片撕开后放在生菜上	
放上培根	将煎制好的培根放在高纤奶酪片上	
放上其他	放上酸黄瓜片、西红柿片和洋葱丝，对折压紧，再用烘焙纸包紧	
产品特点	色彩搭配艳丽，口感软嫩有嚼劲	

4. 指点迷津

（1）用法棍制作三明治可以切段，也可以斜着切片。如果是新出炉的法棍就不必进行加热或煎烤了。

（2）制作法棍培根三明治时，食材的码放顺序没有固定要求，随个人喜欢，但要考虑色彩的合理搭配与食材的口感特点等。

5. 任务评价

通过本任务的学习，填写任务评价表，如表 5-12 所示。

表 5-12　任务评价表

项　目	自我评价			小组评价	教师评价
	A	B	C		
市场调研同类产品					
实践任务					

6. 学习与巩固

（1）法根培根三明治是将法根 _______ 后再从 _______ 片开，把 _______ 煎至上色后，与煎制好的 ________ 进行组合制作的一款创意三明治。

（2）法根培根三明治中的培根需要 ________ 后食用。

项目 6　世界各国特色面包

项目导入

世界各国特色面包的品种丰富，很多国家的城市都有延续几十年甚至上百年的经典特色面包，并成了其国家的经典面食。世界各个国家的烘焙师们都结合当地的特色原料，在传统工艺的基础上，将经典产品发扬光大，并结合新工艺加以创新，演化出新品种，逐步形成了各式节日产品和特色产品。以下选取了多个国家的经典特色面包供大家学习。

本项目分为 6 个任务，讲述了中国面包、日本面包、法国面包、意大利面包、德国面包和英国面包 14 个品种的制作方法，并对各特色面包的来历进行了介绍，从而使学生能了解各国特色面包的历史典故。

任务 6.1　中国面包制作

1. 任务目标

（1）了解中国面包的代表品种。

（2）掌握中国面包代表品种的历史渊源。

（3）掌握中国面包代表品种的制作方法。

2. 知识学习

中国面包的历史悠久，大家吃到的和看到的大多是现代面包，而我们要讲的是流传了几百年甚至上千年的发酵食品，如烧饼（Sesame Seed Cake）、馒头和馕。中国的发酵工艺在殷商时期就被用来酿制白酒，到了汉朝时期开始被用来制作馒头，后来又陆续被用来制作发酵的酥饼、饼干等。

虽然我们祖先发明的烧饼、馒头和馕的外观形状与现代面包略有不同，但制作原理是一样的，都是在面团发酵后进行熟制的。馒头的性质与面包极为相似，正如美籍华人食品学博士顾旬先生所说的那样："面包和馒头都是由发面做成的，适合做面包的各种材料同样可以做馒头。"

我国馒头的历史可以追溯到三国两晋时期人们经常食用的"蒸饼"。所谓的"蒸饼"，就是将发酵过的面团蒸熟食用，即馒头。在面团中放入馅料或香料等，就可以制成包子、花卷、烧饼等。在中国人民的主食中，面食（如馒头、包子、烧饼、馕、油饼、油条等）占据绝对统治的地位，而西式面包是作为甜品或点心存在的。随着社会的发展，我国与世界各国的文化交流日益密切，逐渐在西式面包的基础上制作出各种口味的中国现代面包。中国现代面包是西式面包和中国馒头的制作方法交杂在一起的产物，既带有西式面包的特点，又符合中国人的口味。

现在市场上常见的菠萝包、肉松包、吐司面包等都是从西式面包演变而来的。

西式面包在清朝末年传入中国，进入中国后就出现了中国化、本土化现象。中国几千年的饮食文化积累，以及丰富的物产资源，使我国人民在美食方面有着其他国家人民所不具备的独特优势，经过不同地域文化的改造，产生了许多带有地方风味和地域特色的面包。在东南沿海地区，面包在口感上更接近西式面包，整体偏甜，比较松软，面包个头也具有"小巧玲珑"的特点；在西北内陆，面包品种较少，口味甜咸都有，并有着西北粗犷的文化内涵，个头较大。

中国发酵工艺历史悠久，利用发酵工艺制作的食品品种繁多，下面选取两款历史悠久的产品——烧饼和新疆烤馕（Xinjiang Roasted Nang）进行详细介绍。

1）烧饼

烧饼又称胡饼，是一种廉价又美味的面食，也是现代社会早餐的主角，还可以充当一日三餐的主食。烧饼的种类繁多，大都外酥里软、软糯适中、鲜香可口，还可以加入各式各样的馅料，如麻酱、椒盐、五香粉、白糖、肉末等，非常符合现代人的饮食需求。

烧饼的诞生最早可以追溯到汉朝时期，张骞、班固出使西域，带回大量的西域食物，其中以“胡”命名的饼类食物就是胡饼。《续汉书》曾记载“灵帝好胡饼”，所说的胡饼就是从西域引入的烧饼，并被记入汉朝食谱中。胡饼传入中原，作为一种具有西域风情的食物，不仅丰富了汉代饮食，还在不断发展和创新的过程中，形成了一股尤为浓烈的异域饮食之风。

烧饼在唐朝时期盛行，被称为“胡饼”“胡麻饼”。在制作时，使用发面，还添加了酥油，并在饼坯表面撒上芝麻、胡桃仁后再放入烤炉。烤制出来的烧饼不仅鲜香酥脆，还带有一股浓郁的酥油香味，是当时唐朝人一日三餐必不可少的主食。

烧饼在历史长河中不断演变，逐步成了大众化的面食，各地区衍生出丰富多样的特色品种：江苏省东台市的龙虎斗烧饼（甜咸口味并存）、山东省单县的吊炉烧饼、湖北省的土家酱香饼、浙江省缙云县的烧饼、浙江省建德市的严州干菜烧饼、山东省淄博市的周村烧饼、安徽省的黄山蟹壳黄烧饼、江苏省泰兴市的黄桥烧饼、江苏省南京市的鸭油酥烧饼，以及北京市的豆馅烧饼（蛤蟆吐蜜）、宫廷肉末烧饼（见图 6-1）、麻酱烧饼等，以上都是各地的特色产品，拥有独特的风味口感。

烧饼从西域传入中原，历经一千多年，经过了历史的考验，时至今日仍然活跃于餐桌之上，可见烧饼在饮食文化中的重要性。

图 6-1　宫廷肉末烧饼

2）新疆烤馕

烤馕是新疆的传统美食，是以小麦面、玉米面或高粱面为原料，加少许盐水和酵母烤制而成的一种面饼，它的成熟方法跟山东省的吊炉烧饼相似，如图 6-2 所示。

烤馕在新疆的历史悠久，中国许多史料中都有记载。馕在新疆有着“宁可三日无肉，不可一日无馕”的美誉。

“馕”是波斯语的音译，意为面包，曾在中亚、西亚诸国流行。据考证，新疆烤馕距今已有 2000 余年的历史，最初被称为“俄可买克”，直到伊斯兰教传入新疆后才改名为“馕”。

烤馕的种类丰富。按馕所用原料，分为面馕和馅馕两大类。面馕又包括白面馕、大麦面馕、荞麦面馕、玉米面馕和高粱面馕。馅馕又包括肉馕、油馕、羊油渣馕、芝麻馕、葫芦馕和核桃馕等。而烤馕的形状更是风姿各异，古代馕的形状繁多：有葡萄形的、蛇形的、鸟形的、鱼形的等，还有按照维吾尔族乐器“热瓦普”的形状打制的。随着伊斯兰教的发展，这些形状各异的烤馕逐渐被禁止，现在多为圆形。

图 6-2　新疆传统烤馕

现在市场上的烤馕表皮为金黄色，沾着白芝麻，表面还有细小的孔洞，个别的还压有花纹和图案，如图 6-3 所示。

图 6-3　新疆花样烤馕

烤馕面饼干脆，以面粉为主要原料，多为发酵的面，但不放碱或放少许盐。最大的烤馕叫“艾曼克”，中间薄，边沿厚，中央有花纹，直径为 40 ～ 50 厘米，被称为“馕中之王”。最小的烤馕叫“托喀西”，厚 1 厘米，做工最精细；还有一种直径约 10 厘米、厚 5 ～ 6 厘米，中间有个洞的烤馕叫“格吉德”。

烤馕水分少，耐腐蚀，抗干燥，几个月都不会变质，还便于携带，适宜新疆干燥的气候，因此成为新疆维吾尔族牧民们最好的粮食储备。新疆维吾尔族人认为“无馕不出门，无馕不见人，无馕不待客”。他们不允许浪费馕，掉在地上的馕也要捡起来放到高处喂鸟。

为什么馕会成为新疆维吾尔族人的主食呢？传说很久以前，新疆的牧民们一年四季都在放牧。他们身上带的干粮又干又硬，加上干旱缺水，实在难以下咽。有一天中午，天气非常热，一个叫吐尔洪的牧羊人被太阳烤得实在受不了了，赶回家喝了很多水。喝完后，他还是觉得很热，看见妻子揉好的一块面团放在盆里，于是急中生智，抓起面团，像戴毡帽一样严

严实实地扣在了头上，就出去放牧了。面团凉丝丝的十分舒服，过了一会儿，头顶上的面团竟然被太阳烤熟了，成了像面饼一样的硬块，散发出一股香味儿。这时，吐尔洪被脚下一条红柳根绊了一下，头上的面饼摔在炙热的地上，碎了一地，面饼的香味儿散发出来。吐尔洪随手捡起一块儿碎饼，放进嘴里一嚼，外焦里嫩，香脆可口。他高兴得手舞足蹈，赶紧把这件事告诉其他牧民，大家都按照他的方法来做，果然烤出来的饼又香又脆。

吐尔洪每天都想吃到这种脆饼，但考虑到不是每天都是晴天，没有太阳的时候就很难吃到。于是他在自家院子里挖了一个大坑，四壁用黄泥抹实，在中间烧起红柳根，等炭火通红时，把和好的面团贴到四壁上，不一会儿面饼就散发出香味了，这个方法也被其他牧民逐渐学会。随着时间的演变，后来人们制作出了馕坑，现在市面上已经出现了电馕坑，使用更加方便，也更加环保。

新疆维吾尔族人无论男女都会做烤馕，大街小巷，随处可见叠起来摆放的烤馕。最常见的吃法是茶水泡馕和羊肉汤泡馕。

3. 任务导入

了解中国传统面包的历史背景和代表品种，能够根据配方和操作步骤制作麻酱烧饼和新疆烤馕。

4. 任务实施

1）麻酱烧饼

（1）产品配方。麻酱烧饼的配方如表 6-1 所示。

表 6-1　麻酱烧饼的配方

原料名称	数　量	原料名称	数　量
烧饼		馅料	
中筋面粉	400 克	芝麻酱	100 克
泡打粉	5 克	小茴香	10 克
盐	2 克	香油	20 克
常温水	160 克	五香粉	10 克
植物油	30 克	盐	3 克
砂糖	10 克	老抽	20 克
酵母	3 克	装饰	
		白芝麻	100 克

（2）操作步骤具体如下。

①将泡打粉、中筋面粉、盐倒入搅拌缸中。

②将砂糖、酵母倒入常温水中搅拌至溶化。

③将酵母砂糖水、植物油倒入搅拌缸中，揉成光滑的面团。

④盖上保鲜膜醒发 20 ～ 30 分钟。

⑤将芝麻酱、盐、五香粉、小茴香、老抽、香油混合，搅拌至完全融合，备用。

⑥在案台上撒些中筋面粉，将醒发好的面团取出，压扁。

⑦用擀面杖将面团擀成薄片，在薄片上倒上调配好的馅料，用刮板抹平，将面片从一端卷起，边卷边抻，揪成 15 份。

⑧拿起一份，用手捏住两端抻一下，对折，然后将两端向中间收拢成一个半球形，按扁，收口向下。

⑨准备老抽水（老抽 + 水）和白芝麻。

⑩将烧饼生坯表面刷一层老抽水，双手各拿一个饼坯，沾上白芝麻后双手对按轻拍两下，让白芝麻沾实。

⑪ 将生坯沾好白芝麻的那面放在烧热的电饼铛上，盖上盖子烙 4 ～ 5 分钟，待表面呈棕黄色后翻面，再盖上盖子烙 4 ～ 5 分钟，烙好关火（如果用烤箱烘烤，以上火 230℃、下火 180℃烘烤 12 ～ 15 分钟）。

麻酱烧饼成品如图 6-4 所示。

图 6-4　麻酱烧饼成品

（3）风味特点：色泽棕黄，酥松咸香，层次丰富，麻酱香浓郁。

2）新疆烤馕

（1）产品配方。新疆烤馕的配方如表 6-2 所示。

表 6-2　新疆烤馕的配方

原料名称	数量	原料名称	数量
中筋面粉	500 克	牛奶	200 克
盐	3 克	小苏打	1 克
黄油	30 克	蜂蜜	20 克
酵母	5 克	芝麻	20 克
鸡蛋	100 克	水	10 克

（2）操作步骤具体如下。

①将黄油隔水溶化，酵母放入牛奶中搅拌均匀，备用。

②将中筋面粉放入盆中，加入盐、小苏打、鸡蛋、黄油，搅拌均匀，倒入牛奶酵母液，和成面团。

③将面团揉搓成均匀、光滑的长条状，醒面 20 分钟。

④将面团分成 4 份，反复揉搓至均匀、光滑，做成圆形饼坯。

⑤将圆形饼坯用擀面杖擀开，直径为 25 厘米左右。

⑥左右手配合将边缘捏起一圈，再用掌根沿着内沿按扁。

⑦将蜂蜜加水调成液体，备用。

⑧用叉子在面饼上打孔，可以自由创意出美观的图案，防止面坯鼓胀变形。

⑨在面饼表面刷蜂蜜水，撒上芝麻做装饰，用手轻轻按实。

⑩入炉，以上火 200℃、下火 200℃烘烤 13 ～ 15 分钟，至表面金黄色取出，再刷一遍蜂蜜水，继续烘烤 2 分钟，表面成棕红色即可。

新疆烤馕成品如图 6-5 所示。

图 6-5　新疆烤馕成品

（3）风味特点：色泽红棕，图案美观，干香耐嚼，麦香味浓郁。

5. 任务评价

通过本任务的学习，填写任务评价表，如表 6-3 所示。

表 6-3　任务评价表

项　目	自我评价			小组评价	教师评价
	A	B	C		
市场调研 同类产品					
实践任务					

6. 学习与巩固

（1）烧饼又称 ______，是一种廉价又美味的 ______，可以充当一日三餐的 ______。

（2）说出你知道的 5 种烧饼：________、________、________、________ 和 ________。

（3）烤馕是 ______ 的传统美食，是以 ______、玉米面或高粱面为原料，加少许 ______ 和 ______ 烤制而成的一种面饼。

（4）新疆最大的烤馕叫“________”，最小的烤馕叫“________”，中间有个洞的烤馕叫“________”。

任务 6.2 日本面包制作

1. 任务目标

（1）了解日本面包的代表品种。

（2）掌握日本面包代表品种的历史渊源。

（3）掌握日本面包代表品种的制作方法。

2. 知识学习

日本面包又称日式面包，多为夹馅面包，以小而精和柔软著称。日本人非常喜爱带馅料面包的那种柔软口感，因此日本面包的馅料品种较多，馅料和面团的比例大多是 1 ∶ 1。

日本的小麦是从中国传入的，公元前 200 年左右，日本引入了中国自古就有的烹饪技法——蒸煮，并学会对小麦进行处理以用来制作馒头之类的食品。16 世纪时，西方传教士将面包发酵烤制的技术传到了日本，横滨是日本接纳和学习制作面包最早的城市。日本烘烤师以法式面包和英式面包为基础，研发出了很多符合日本本土口味的面包，并逐步形成符合亚洲人口感要求的松软面包。

日本面包后期发展神速，日本烘焙师在技艺上不间断地向欧洲国家学习并去欧洲国家进行深造，多次在国际烘焙大赛上拔得头筹。随着技术和文化的不断交融，日本烘焙师发明了最有代表性的酒种红豆面包，后期又开发了奶油面包、果酱面包和吐司面包等，带领日本面包走向了新纪元。

日本京都排名第一的面包店是玉木亭。该店的店主兼主厨玉木润先生曾代表日本参加 1996 年法国面包世界杯大赛，并获得了第四名的佳绩，他在 2001 年创办了玉木亭面包店。经过比赛的锤炼，其烘焙技术日益精湛，店中的产品高达 90 余款，每一款面包都拥有超高的品质和独特的味道。

日本烘焙师在制作面包时不仅追求极致，还特别擅长使用应季的食材，极大地发挥了原料的性能，并擅长创新，有着无限的创意，可以将传统的咖喱牛肉、腌萝卜、米粉等材料与面包相结合，形成独特的风味。

下面给大家介绍两款最具有代表性的日本面包——炒面面包（Fried Noodles and Bread）和咖喱面包（Curry Bread），它们至今都是日本最流行的食物。

1）炒面面包

日本的炒面面包（见图 6-6）诞生于第二次世界大战后，它是一种热量极高的食物。1950 年，位于东京荒川区的一家日本小卖铺“野泽屋”根据客人要求最先制作出这款面包和炒面二合一的产品，一经推出后人气爆棚。经过几十年的演变，现在在面包店、超市、便利店已随处可见炒面面包。大众对这种“豪华”小吃欲罢不能，称它为“恶魔美食”。

图 6-6 炒面面包

炒面面包属于日本“配菜”面包，是类似三明治的快餐食品，是使用各种原料搭配制作的调理面包，主要原料有面包、炒面、卷心菜丝等。炒面面包在日本的成功也带动了其在韩国及中国台湾地区的流行。

日本人对主食的喜爱深入骨髓，在经典动漫《日式面包王》中有一集是专门以炒面面包为主题的，其中就提出了“蒸面含水量低，味道浓，适合做炒面”和“由于是当面包夹心，味道要比普通的炒面更浓”的观点，可见日本人对炒面面包的热爱。

炒面面包入口的第一感觉就是软，酱汁香浓，面条筋道，还有蔬菜的脆感。炒面面包的制作非常讲究：面包切开后要在两侧涂上黄油，起到隔离炒面酱汁的作用；炒面的酱汁种类丰富，多达 16 种（奶油白酱、郁金咖喱酱、大阪酱、黑胡椒酱等）。为了不让炒面面包变成一坨油腻的奇怪食物，要选含水量较低且比较筋道的冷冻乌冬面，以防止其糊化粘连。作为内馅的炒面加入大量酱汁，很容易刺激人的食欲，让人吃完后有饱腹感。

正宗的炒面面包会在表面撒上海苔粉再放一些红姜丝、蛋黄酱、欧芹等配料做装饰。因为口感偏甜价格又不贵，所以一直以来深受孩子们的追捧，成为深受欢迎的大众小吃。

2）咖喱面包制作

咖喱面包（见图 6-7）是日本的特色面包，是一种日式调理面包，也是一款在日本流行将近百年的产品。

图 6-7　咖喱面包

说到咖喱，很多人第一个想到的肯定就是印度。咖喱起源于印度，时至今日，咖喱仍然是很多印度人一日三餐必吃的食物。但是很多人不知道的是，将咖喱发挥到极致的却是日本人，除了家家都会做咖喱餐，日本人还用咖喱创造了独具一格的日系料理，咖喱面包就是其中的精品。

据考证，1927 年，位于东京都江东区的“名花堂”第 2 代店主开创了咖喱面包做法的先河。其将当时最受欢迎的咖喱、炸猪排和西洋菜结合到一起，制作成了咖喱面包。它的做法十分简单，首先准备好咖喱（最受欢迎的做法是做好一锅咖喱鸡），然后准备面团（这个面团要足够大，大到能够将一斤的咖喱鸡全部包起来），最后像正常的包馅面包一样，醒发好后进行炸制或烤熟就能吃了。

随着咖喱面包的流行和热销，为了方便人们逛街时食用，咖喱面包的个头逐渐变小，在面团中加入咖喱馅料后，滚一层面包糠，炸制或烤制即可。面包内的咖喱馅料有用碎肉和咖喱酱、咖喱粉制作的，也有用麻辣牛肉和咖喱块制作的，家家外形相似，味道却大不相同。

咖喱面包从做法上可分为炸和烤两大类，颜色分为栗色、褐色、姜黄色等；口感分为偏硬、酥脆、软糯、多汁等；从形状上来看，除我们常见的橄榄球形和圆形之外，还有方形或动物形状等。

3. 任务导入

了解日本面包的历史背景和代表品种，能够根据配方和操作步骤制作炒面面包和咖喱面包。

4. 任务实施

1）炒面面包

（1）产品配方。炒面面包的配方如表 6-4 所示。

表 6-4　炒面面包的配方

原料名称	数　量	原料名称	数　量
面包		炒面	
高筋面粉	200 克	猪肉片或牛肉片	100 克
低筋面粉	45 克	即食拉面	200 克
砂糖	30 克	卷心菜	100 克
鸡蛋	36 克	日式炒面沙司	20 克
牛奶	140 克	老抽	5 克
酵母	4 克	味淋	3 克
黄油	20 克	海苔粉	2 克
盐	4 克	鱼片	100 克
		昆布	10 克
		蛋黄酱	50 克

（2）操作步骤具体如下。

①将高筋面粉、低筋面粉、酵母、砂糖等混合均匀，加入鸡蛋和牛奶，搅拌成面团；再分别加入盐和黄油，搅拌至面团扩展阶段，可以拉出手套膜，取出整理成光滑的面团，盖好保鲜膜，松弛 20 ～ 30 分钟。

②将面团分割成 100 克 / 份的小剂子，滚圆后盖上保鲜膜，发酵 20 分钟。

③把面团按扁，光面在下，擀成椭圆形，先折下三分之一，压实，掉转过来，再压下三分之一，对折压实，搓成 25 厘米的长条形，即成生坯。

④将生坯码入烤盘，入醒发箱，温度 35℃，湿度 75%，发酵 50 分钟左右。

⑤面包生坯体积膨胀 1.5 倍左右，入炉烘烤，以上火 180℃、下火 170℃烘烤 15 ～ 18 分钟后，出炉冷却。

⑥将鱼片、昆布（海带的一种）放入水中煮汤，备用。

⑦将即食拉面放入锅中煮熟，捞出。

⑧炒锅上火，煸炒猪肉片或牛肉片，炒出油就行，盛出放一边。

⑨用锅里的油炒卷心菜，菜变软后，加入鱼汤略煮一会，收汁以后放入猪肉片或牛肉片翻炒。

⑩放入即食拉面，放入适量的日式炒面沙司、老抽、味淋，翻炒均匀即可出锅。

⑪ 将面包切开至 2/3 处，用筷子放入炒好的即食拉面，表面撒上海苔粉。

⑫ 最后在面包的表面挤上蛋黄酱即可包装出售。

（3）风味特点：面包松软，炒面筋道，菜肉搭配，营养丰富。

2）咖喱面包

（1）产品配方。咖喱面包的配方如表 6-5 所示。

表 6-5 咖喱面包的配方

原料名称	数　量	原料名称	数　量
面包		咖喱馅料	
高筋面粉	300 克	鸡腿肉	300 克
牛奶	125 克	咖喱粉	10 克
蜂蜜	20 克	马铃薯	100 克
鸡蛋	50 克	洋葱	30 克
黄油	35 克	青椒	20 克
速发干酵母	6 克	胡萝卜	20 克
砂糖	45 克	美乃滋	20 克
盐	4 克	砂糖	5 克
装饰		盐	5 克
面包屑	100 克	胡椒粉	2 克
		植物油	20 克

（2）操作步骤具体如下。

①将马铃薯去皮，蒸熟或煮熟后捣成泥备用。

②将鸡腿肉切成小丁，洋葱、青椒和胡萝卜切成小粒备用。

③炒锅上火，加入植物油烧热后，将蔬菜粒煸炒出香味，再下入鸡肉丁一起炒，炒至变色后再加入咖喱粉拌炒。

④加入马铃薯泥拌匀，放入砂糖、盐、胡椒粉及美乃滋混合均匀，倒入盆中备用。

⑤将高筋面粉、砂糖、速干发酵母、鸡蛋、蜂蜜和牛奶一同搅拌成面团后，加入盐和黄油，再次搅拌至扩展阶段，能拉出手套膜为止。

⑥将面团取出，盖上保鲜膜进行松弛发酵。发酵到手指按压面团的中间，面团不会再次回弹时，进行面团分割。

⑦将面团分成约 100 克 / 份的小剂子，揉成圆球后，盖上保鲜膜继续发酵 15 ～ 20 分钟。

⑧将面团压扁，在其中放入咖喱鸡肉馅，包严收口整理成梭子形。

⑨将面包生坯先放在湿布上进行滚动，后放在面包屑上进行滚沾后，在温度 32℃、湿度 75% 的醒发箱中静置发酵 40 ～ 50 分钟，至其体积膨胀 1 倍以上。

⑩放入预热好的 180℃的烤箱中烘焙 15 分钟左右，表面金黄即可出炉。

（3）风味特点：色泽金黄，外酥里软，肉软汁浓，咖喱香浓。

5. 任务评价

通过本任务的学习，填写任务评价表，如表 6-6 所示。

表 6-6　任务评价表

项　目	自 我 评 价			小 组 评 价	教 师 评 价
	A	B	C		
市场调研					
同类产品					
实践任务					

6. 学习与巩固

（1）炒面面包属于日本“________”面包，是类似 ________ 的快餐食品，是使用各种 ________ 制作的调理面包。

（2）炒面面包的面条，要选含水量较低且比较筋道的 ________，以防止其糊化粘连。

（3）咖喱面包是日本的 ________，是一种 ________ 面包，也是一款在日本流行将近百年的产品。

（4）咖喱面包从做法上可分为 ________ 和 ________ 两大类，常见的有 _______ 和圆形。

任务 6.3　法国面包制作

1. 任务目标

（1）了解法国面包的代表品种。

（2）掌握法国面包代表品种的历史渊源。

（3）掌握法国面包代表品种的制作方法。

2. 知识学习

法国面包拥有悠久的历史。最初人们将面团分割后滚成圆形，再经过直接烘烤制成圆饼或圆形面包，不久后发现，面团经过发酵后可以变得更大、更可口，烘烤后更易于消化，就逐渐在后期制作中让面团膨胀后再进行烘烤，慢慢演变成了后来的面包。法国现有的面包品种极其丰富，有 150 多种，因此成为法国的特色食品。

法国对面包的制作有严格的法律规定。法国法律规定，市售面包只能包含以下 4 种成分：水、面粉、酵母、盐，其他任何一种佐料加入其中，都必须要给成品起一个不同于原名的名字。另外，还规定制作面包不能使用防腐剂，这就使面包在 24 小时之内就变得很不新鲜。所以烤法棍是一项每天要做的事情，而不像酵母面包，每周只需要烤一到两次。这是因为酵母本身就含有天然的防腐剂。

法派是一家拥有纯正“法国血统”的烘焙面包连锁店，是由德芙家族创建的。1855年，德芙家族的风车磨坊首次磨出了高质量的面粉，于是德芙家族开始研发新的配方，逐渐成为制造高品质面包行业的一员。

法国面包的色彩由面粉加工后的颜色所决定，主要有白面包、灰面包和褐面包；形状有长棍形、圆形、牛角形等；口感有软、硬之分。随着面包店不断在大型城市的中心地段问世，巴黎人每人每天可以吃掉1千克的面包。

在法国除了经典的法棍，还有洛代夫、布里欧修（Brioche）、乡村面包、全麦面包、可颂、可露丽（Cannelés）等。

下面对有代表性的布里欧修和可露丽两款面包进行着重讲解。

1）布里欧修

布里欧修是法国非常著名的面包，起源于奥匈帝国，后传入法国。因为其使用大量鸡蛋和黄油制成，在物质匮乏的17世纪，是只有王室和贵族才能享用得起的“贵族面包”。

布里欧修不仅高糖、高油，还加入了大量鸡蛋，因此吃起来的口感就像奶油蛋糕一样，有些地方就将它翻译为“奶油蛋糕”。它口感独特，外皮金黄酥脆，内部却超级柔软，因此往往被当作早餐或点心和蛋糕一起售卖。

布里欧修因使用黄油的比例不同，被大众分为穷人版、富人版，和介于两者之间的中产阶级版。穷人版的布里欧修，黄油占面粉的20%，因油脂相对较少，嚼劲更足，细品之下有麦香味；而富人版的布里欧修，黄油与面粉的比例为1∶1，呈金黄色，香味浓郁、组织绵软；中产阶级版的布里欧修，黄油约占面粉的50%～60%，口感介于两者之间。面团配方中基本上是没有水的，面团中需要的水由鸡蛋和黄油来提供。

布里欧修外皮金黄酥脆，内部超级柔软，吃时会有云朵般绵软的蛋糕口感，奶香四溢，因此它们成为庆典和节日餐桌上的特色食品，常被当作酥皮点心或甜点。

布里欧修常见的几种经典造型：一种是圆面包顶着个小圆球，名叫“Brioche à tête”，俗称“和尚头”，如图6-8所示；另一种就是将圆面包表面剪口，撒上珍珠糖，脆脆的珍珠糖与绵软的面包混合在一起，能在口腔中产生奇妙的组合；另外，还可以做成环形的“皇冠”（见图6-9）或是扭结的“花环”及吐司的形状。

2）可露丽

可露丽（见图6-10）是法国的国宝级甜点，有着“甜点界爱马仕”之称，因外壳是脆硬的深棕色，且形似铃铛，因此又被称作“天使之铃”。它低调奢华，来自葡萄酒之都波尔多，中文名译作卡纳蕾，虽貌不惊人但非常美味。

图 6-8　布里欧修“和尚头”面包

图 6-9　布里欧修“皇冠”面包

图 6-10　可露丽

可露丽是一款表皮酥脆、质地柔软的小甜点。传统的可露丽用铜模制作，有着特定的外形。外皮被烘烤到焦脆，一口咬下去，散发出浓郁的焦糖和朗姆酒的香气；内芯湿润柔软，有精致的蜂窝状孔洞，能看到黑色的香草籽。入口有令人愉快的微甜蛋香，香草、朗姆酒、焦糖等香气交织融合，香甜的味道与动人的香气让人越嚼越有滋味，尤其是外壳部分，咽下去后，香气仍然留在口中，让人颇有意犹未尽之感。可露丽通常在早餐或下午茶时被当作甜点品尝。可露丽因其外形酷似酒桶，又被翻译成“酒桶蛋糕”。

3. 任务导入

了解法国面包的历史背景和代表品种，能够根据配方和操作步骤制作布里欧修“和尚头”和可露丽。

4. 任务实施

1）布里欧修“和尚头”

（1）产品配方。布里欧修“和尚头”的配方如表 6-7 所示。

表 6-7　布里欧修“和尚头”的配方

原料名称	数　量	原料名称	数　量
高筋面粉	400 克	砂糖	60 克
温牛奶（38℃）	80 克	黄油	200 克
酵母	15 克	盐	5 克
鸡蛋	150 克	蛋黄	20 克

（2）操作步骤具体如下。

①将温牛奶、酵母调匀后，再与 100 克高筋面粉混合均匀，放入温度 27℃、湿度 78% 的醒发箱中，发酵 1 小时（制成种面）。

②将鸡蛋加入种面中，搅拌均匀，加入剩余的高筋面粉、砂糖、盐，搅拌成团，静置 5 分钟水合（水合能自主生成面筋，缩短搅拌时间，比较适用于高糖、高油产品）。

③中慢速开始搅拌面团，分 4 ～ 5 次加入黄油，每一次都要等黄油被面团吸收后再加入下一块，避免面筋断裂。

④将柔软的面团取出放在冷却后的烤盘上，面团温度为 25℃左右，放入冰箱冷藏 1 天或冷冻 1 小时后使用。

⑤将面团分割成 30 克 / 份的小剂子，滚成球形后继续冷藏 30 分钟。

⑥在模具内涂抹一层黄油后放入一层高筋面粉，备用。

⑦手上沾满高筋面粉，将面团分成大小两个球，用掌根滚动定型，但不掐断，手指捏住小圆球往大圆球里按压，并用指尖按压大圆球周围形成一个凹槽，使小圆球正好嵌入大圆球中间的凹槽中（两球之间的指痕按压要明显，否则醒发后就会膨胀成一坨，没有层次）。

⑧将做好的面包生坯放入模具中，放入温度 28℃、湿度 77% 的醒发箱内发酵 1 ～ 2 小时，发酵至充满模具即可，表面刷蛋黄液。

⑨预热烤箱，以上火 200℃、下火 190℃烘烤 15 ～ 20 分钟，烤至色泽棕红（面包内部温度 85℃～ 88℃是熟透的标准）。

⑩面包烘烤后需放置 1 ～ 2 小时，使其充分冷却，完成高温后淀粉糊化的过程，黄油充分沉淀后再食用味道最佳。

（3）风味特点：色泽棕红，松软香甜，蛋奶香浓郁。

2）可露丽

（1）产品配方。可露丽的配方如表 6-8 所示。

表 6-8　可露丽的配方

原料名称	数　量	原料名称	数　量
牛奶	500 克	黄油	40 克
盐	1 克	鸡蛋	150 克
砂糖	150 克	蛋黄	20 克
低筋面粉	60 克	高筋面粉	60 克
朗姆酒	40 克		

（2）操作步骤具体如下。

①将牛奶煮沸，加入黄油和盐搅拌均匀，静置放凉。

②将鸡蛋加砂糖搅拌均匀，再加入晾凉的黄油牛奶搅拌均匀。

③将低筋面粉、高筋面粉混合过筛，加入做好的混合液中，搅拌至无干粉颗粒。

④将面糊过筛两次，加入朗姆酒搅拌均匀，盖上保鲜膜，放入冰箱冷藏静置 48 小时以上。

⑤将静置好的面糊拿出来搅拌一下，回温到室温（一定要回温）。

⑥在模具内壁刷薄薄一层黄油，倒入面糊至九分满。

⑦放入烤箱，以上火 220℃、下火 180℃烘烤 20 分钟，调转一下烤盘，降温至 180℃，继续烘烤 60 分钟。

⑧烘烤完毕，出炉后立即将蛋糕直接倒扣在烤网上，避免水汽影响蛋糕的外观。

（3）风味特点：色泽棕红诱人，外焦里嫩，非常可口。

5. 指点迷津

（1）刚烤出来的可露丽是外脆里嫩的口感，放两天回油之后外壳有嚼劲、内芯柔软，更好吃。

（2）可露丽烘烤途中如果面糊涨得太高了要拿出来振模，把面糊振回去再继续烤。

6. 任务评价

通过本任务的学习，填写任务评价表，如表 6-9 所示。

表 6-9 任务评价表

项 目	自我评价			小组评价	教师评价
	A	B	C		
市场调研					
同类产品					
实践任务					

7. 学习与巩固

（1）布里欧修是法国 ________ 的面包，起源于 ________，后传入法国。

（2）布里欧修常见的一种是圆面包顶着个小圆球，俗称“________”，另一种就是将圆面包 ________，还可以做成环形的“________”或是扭结的“________”及吐司的形状。

（3）可露丽是法国的 ________ 甜点，有着“甜点界 ________”之称，因外壳是脆硬的深棕色，且形似 ________，因此又被称作“________”。

任务 6.4 意大利面包制作

1. 任务目标

（1）了解意大利面包的代表品种。

（2）掌握意大利面包代表品种的历史渊源。

（3）掌握意大利面包代表品种的制作方法。

2. 知识学习

意大利面包历史悠久，由于罗马人改变了小麦的碾磨工艺，把原来的粗糙黑面粉变成了白面包中使用的面粉类型，此后，面包业蓬勃发展。公元前 100 年，罗马已拥有 200 多家面包店。之后，罗马开设了自己的专业烘焙学校。

意大利人每餐的主食就是面包，大约有 3000 多种面包。许多意大利家庭都自己烤面包，即便如此，意大利各地的面包店仍有 2 万余家。

在意大利，吃面包是一种饮食文化，面包应与其他食物一起食用，但不应与淀粉类食物一起食用，所以在意大利很少会看到有人将面包和意大利面一起吃。

哪种面包是意大利正宗的传统面包呢？要拥有 DOP 或 IGP 称号。

DOP 代表 Denominazione di Origine Protetta，意为“受保护的原产地名称”，即受欧盟法律保护，这一称号保证了来自特定地理区域的特色食品的真实性。

IGP 代表 Indicazione Geografica Protetta，意为“法定产品地理保护标准”，规定了农产品和食品的质量、声誉或其他重要特征在一个确定的地理区域的标准。

下面着重介绍意大利有代表性的四款特色面包：佛卡夏（Focaccia）、潘娜托尼（Panettone）、面包棒（Grissini）、潘多洛（Pandoro）。

1）佛卡夏

佛卡夏（见图 6-11）是源自意大利的一款著名的扁平面包，吃起来和比萨底有点像，上面会撒上各式香草和橄榄油进行调味。佛卡夏在意大利通常作为主食，搭配各种肉类、沙拉等制作成三明治食用。面包师们会在烤制前用刀在面包表面划几刀或用手指按几下来释放面包表面的一些小气泡。佛卡夏趁热蘸着橄榄油吃口感最佳。

图 6-11　佛卡夏

从罗马时代起，面包就是意大利美食的重要组成部分，佛卡夏可以说是意大利非常古老的一款主食面包，起源于意大利利古里亚。这种面包可以追溯至伊特鲁里亚时代，最早由意大利中北部的伊特鲁里亚人制作。在早期它是无酵饼，但是受当地地理环境的影响，逐渐变成了发酵过的面包。

利古里亚是世界闻名的佛卡夏生产地。经典的佛卡夏制作原料只有面粉、橄榄油、水、极少量酵母和粗盐，制作的时候也不太需要揉面，只需要把面团擀成长方形，并在上面按出坑，表面撒点迷迭香，放上圣女果和奶酪，放入烤箱烤制即可。

意大利各地区的佛卡夏厚度不同，热那亚佛卡夏被称为 Fugassa，至少有 2 厘米厚，外酥内软，而且采用利古里亚特级初榨橄榄油调味。各地区的表面装饰各有不同，有的加洋葱，有的撒上胡椒粉、迷迭香或茴香籽，还有的会加入切碎的绿色或黑色橄榄，或者在面团中加入压碎的鼠尾草叶，目的都是使其具有独特的香气。佛卡夏既可以直接食用，又可以作为各种配餐，或者是比萨的底饼，还可以夹上别的食材做成三明治。

随着时间的推进，到了 20 世纪，意大利移民把它带到了新大陆，佛卡夏和其他意大利菜一起流行起来。佛卡夏也迎来无数的变化，产生了很多衍生品，但现代人制作佛卡夏的方法和古罗马人的方法基本相同。

2）潘娜托尼

潘娜托尼（见图 6-12）始于意大利北部的米兰，是米兰著名的甜点，圣诞节时吃潘娜托尼成为一种传统。米兰人称潘娜托尼为“Panetune”，原意为“大面包”，其顶端呈圆形，高度在 12 厘米到 15 厘米之间，是用糖渍橘皮丁、柠檬皮、葡萄干、黄油、蛋黄、面粉和牛奶一起搅拌制成的，用料十分奢华。口感介于蛋糕和面包之间，内含丰富的果干，一口咬下去，每一口都是惊喜。

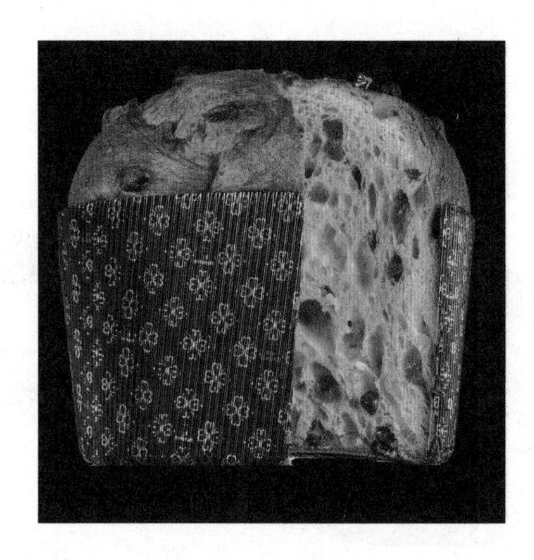

图 6-12　潘娜托尼

潘娜托尼从诞生至今已经 500 多年了，相传在 14、15 世纪意大利的一个小镇里，住着一位寡妇和她的儿子托尼。虽然不富裕，但母子二人在别人遇到困难的时候都会鼎力相助。圣诞节前夕，托尼因无法给耶稣献礼而郁郁寡欢，幸好在梦中有位天使指引，告诉了他一种面包的做法。托尼做出的这款面包后来就被镇上的人称为“托尼的面包”。

潘娜托尼在拉丁美洲，尤其是在阿根廷、乌拉圭、玻利维亚和秘鲁等地，已经成为圣诞节晚餐的主食。正宗潘娜托尼的制作过程非常讲究，做法复杂且时间较长，需使用天然酵母进行低温发酵，制作时间需要数天，它和潘多洛并称“圣诞双杰”。

潘娜托尼成了米兰的标志性食品，现在已经风靡全世界，成为众多甜品爱好者的追捧对象。精致的潘娜托尼还经常被当作珍贵的圣诞节礼物和新年礼物送人。将甜蜜溶化在口中，把爱意包裹在心里，全家人幸福地相聚，满屋弥漫着甜香，处处充盈着爱的味道。

3）面包棒

面包棒（见图 6-13），也被称作啤酒棒、棍形面包、阿拉棒等。虽然它看起来很像一种棍形饼干，但其实是一种棒式面包，是需要加入酵母制作的。

面包棒起源于意大利的都灵和山麓地区，是酥脆狭长的意式面包棒的代名词。这种面包棒既是喝啤酒时的佐酒面包，又是很好的休闲食品。为使面包棒吃起来有酥脆的口感，将其做成半硬质型，可以在相对较低的温度下（如 160℃～ 170℃）适当延长烘焙时间，直到面团变得干燥酥脆。

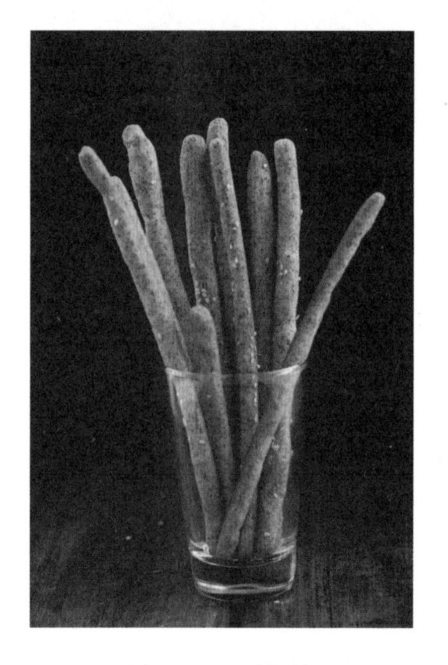

图 6-13　面包棒

相传 1679 年，意大利北部兰佐托里内塞的面包师发明了这种面包棒，这种特别香脆的面包棒一经推出，立即风靡全城，变成了意大利的著名面包。面包棒常与火腿、蒜蓉酱、意大利干酪等搭配，就着热汤、各式蘸酱作为开胃小食，一般常见于酒吧、餐厅，还可作为酒店大型宴会或西式套餐的餐前面包。这款面包棒老少皆宜，小孩子可以用来当磨牙棒，大人可以拿来配啤酒，还可以当作看电视时的小零食。

面包棒一般是咸口的，通常在烤制之前会撒上香料、芝麻或海盐增加风味。

制作面包棒可以利用其他面包剩余的面团。用硬质面团做成的面包棒，口感会更硬一些；用软质面团做成的面包棒，口感则会更香脆。制作方法也会因面团的软硬程度对揉搓、拉抻、压面后刀切、烘烤等工艺进行调整，使其口味更加丰富。

4）潘多洛

潘多洛（见图 6-14）原名是 Panedeoro，就是“黄金面包”的意思。这款面包历史悠久，来自意大利北部的美食重镇、爱情之都维罗纳。公元 17 世纪就出现了对潘多洛的记载（潘多洛曾出现在 1763 年的油画 *La Brioche* 上）。

图 6-14　潘多洛

1894 年 10 月，梅拉伽提糕点工业的创始人多明尼克 • 梅拉伽提获得了按程序工业化生产潘多洛的专利，自此潘多洛开始了其现代历史。

制作潘多洛时必须使用一种造型特殊的八角烤模，烤后的成品外观呈八角星状，棱角分明，造型独特，整体呈金棕色，像阳光晒过的金色沙滩，因此味道中自带日晒气息。其外表装饰着一层白色的糖霜，象征着意大利阿尔卑斯山脉的皑皑白雪。潘多洛的口感松软绵润，如蛋糕般柔软，散发着浓郁的蛋奶香。既可以单吃，又可以在顶部挖出小洞，放入馅料或淋上不同的果酱，还可以把它层层切片，将每片轻轻扭动调整角度后用果干装饰点缀，再撒上防潮糖粉，形似白雪覆盖的圣诞树。潘多洛与潘娜托尼并称“圣诞双杰”。

潘多洛是一款可以存放的面包，口味每天都有一些变化。即便放置一周，其湿润度依然很好，黄油香气层层叠叠，味道丰富悠长。

3. 任务导入

了解意大利面包的历史背景和代表品种，能够根据配方和操作步骤制作佛卡夏、潘娜托尼、面包棒和潘多洛。

4. 任务实施

1）佛卡夏

（1）产品配方。佛卡夏的配方如表 6-10 所示。

表 6-10　佛卡夏的配方

原料名称	数　量	原料名称	数　量
高筋面粉	500 克	水	325 克
酵母	6 克	海盐	2 克
盐	9 克	黑橄榄	20 克
橄榄油	40 克	小番茄	50 克
皮萨草叶	4 克		

（2）操作步骤具体如下。

①将高筋面粉、酵母、皮萨草叶混合，加水搅拌成面团。

②待面团搅拌至不黏缸后，分次加入盐和橄榄油，搅拌均匀。

③继续搅拌直至面团可以拉出手套膜。

④将搅拌好的面团取出，盖好，常温醒发 30 分钟左右。

⑤将面团分割成 100 克 / 份的小剂子，揉成球。放入醒发箱发酵 30 分钟左右，醒发箱温度为 30℃、湿度为 80%。

⑥将醒发好的面坯取出，按平；放入醒发箱再次发酵 30 分钟左右。

⑦取出面坯，在表面刷少许橄榄油，用手指在上面扎均匀的孔。

⑧均匀地码上黑橄榄和小番茄片，撒少许海盐和皮萨草叶做装饰，表面再淋少许橄榄油。

⑨放入烤箱，以上火 230℃、下火 210℃烘烤 20 分钟左右，烤至金黄色即可取出冷却。

（3）风味特点：色彩艳丽，饼坯松软，咸香可口。

2）潘娜托尼

（1）产品配方。潘娜托尼的配方如表 6-11 所示。

表6-11 潘娜托尼的配方

原料名称	数量	原料名称	数量
波兰种		干果	
高筋面粉	300克	橙皮丁	50克
酵母	3克	葡萄干	100克
水	300克	朗姆酒	50克
面团		蔓越莓干	50克
全麦面粉	200克	坚果	50克
高筋面粉	400克	装饰	
蛋黄	100克	珍珠糖	10克
耐高糖酵母	10克	蛋白	20克
黄油	200克	杏仁片	10克
牛奶	200克	糖粉	10克
砂糖	85克		
蜂蜜	20克		
盐	8克		

（2）制作步骤具体如下。

①提前1～2天将橙皮丁、葡萄干、蔓越莓干用朗姆酒浸泡，入味备用。

②提前1～2天制作波兰种，将酵母放在40℃以下的水中溶解，加入高筋面粉搅拌均匀，常温醒发40分钟，放入冰箱密封冷藏发酵26～48小时。

③将黄油在室温下软化，分成3份；将坚果烤熟后切碎。

④将波兰种和高筋面粉、全麦面粉、牛奶、蛋黄、砂糖、蜂蜜、耐高糖酵母一起放入和面机内，搅拌至表面光滑柔软，加入盐搅拌均匀。

⑤分3次加入软化黄油，每一次加入后要等黄油完全吸收、面团光滑，之后再加入下一次的软化黄油。

⑥加入果干和坚果碎，然后搅拌揉匀，此时面团温度不超过28℃，最佳温度为22℃～24℃。

⑦将面团取出放在盒子里，密封发酵至2倍大，中间进行一次翻面。

⑧把面团取出分割为220～250克/份的小剂子，根据模具大小调节重量。

⑨将面团揉成圆形，收口向下放入模具内，进行最后的发酵。

⑩将蛋白加入糖粉打发。

⑪ 面团醒发至模具八成满，表面挤蛋白霜，撒杏仁片、珍珠糖、糖粉，进炉烘烤。

⑫ 烤箱预热，以上火170℃、下火210℃烘烤30～40分钟（表面一旦上色之后就要加盖锡纸，不然的话面包烤出来会发黑）。

⑬ 烤完后取出底部横插竹签，倒挂着冷却 12 小时。

潘娜托尼成品如图 6-15 所示。

图 6-15　潘娜托尼成品

（3）风味特点：色泽诱人，果香浓郁，蛋糕般柔软。

3）面包棒

（1）产品配方。面包棒的配方如表 6-12 所示。

表 6-12　面包棒的配方

原料名称	数　量	原料名称	数　量
面包		装饰	
高筋面粉	600 克	黑芝麻	10 克
牛奶	50 克	白芝麻	10 克
水	250 克	皮萨草叶	1 克
酵母	10 克		
黄油	80 克		
盐	10 克		

（2）操作步骤具体如下。

①将高筋面粉、酵母混合均匀，加入水和牛奶，搅拌成面团。

②待面团搅拌至不黏缸时，分次加入黄油，先慢速将黄油搅拌均匀，再快速搅拌至黄油完全融入面团；最后加入盐，慢速搅拌均匀，再快速搅拌至面团完全扩展阶段，可以拉出手套膜即可。此时，可以将黑芝麻、白芝麻、皮萨草叶等用料加入面团中，增添风味。

③将搅拌好的面团取出，盖好，常温松弛 10 分钟左右。

④将松弛好的面团擀成 50 厘米 ×28 厘米 ×0.8 厘米的大片，冷冻 30 分钟，然后用刀切成 0.8 厘米宽的条，再搓成粗细均匀的长条放进烤盘中。

⑤将搓好的面包棒放入醒发箱醒发，醒发温度为 30℃、湿度为 80%，时间 2 小时左右，或常温醒发 3 小时，发至 2 倍粗即可。

⑥将醒发好的面包棒取出，在其表面刷牛奶。

⑦根据客户需求或自己喜欢可撒各种装饰料或调味料，如芝麻、皮萨草叶、粗盐、奶酪粉等，也可以搭配奶酪，以增加其味道。

面包棒成品如图 6-16 所示。

图 6-16　面包棒成品

（3）风味特点：面包棒硬实酥脆，耐嚼，口感咸香。

4）潘多洛

（1）产品配方。潘多洛的配方如表 6-13 所示。

表 6-13　潘多洛的配方

原料名称	数　量	原料名称	数　量
中种面团		面包	
高筋面粉	100 克	高筋面粉	200 克
酵母	2 克	牛奶	50 克
牛奶	75 克	砂糖	45 克
装饰		酵母	3 克
防潮糖粉	20 克	盐	3 克
彩色糖果	20 克	鸡蛋	50 克
		蛋黄	35 克
		柠檬皮碎	20 克
		黄油	100 克

（2）操作步骤具体如下。

①将高筋面粉、牛奶、酵母放入容器中搅拌，搅拌至无干粉、无颗粒即可。将面团盖上保鲜膜发酵 1 小时后放入冷藏室，冷藏发酵 12 ～ 25 小时，基本发酵至 2 倍大。

②将发酵好的面团撕成小块儿与面包用料（除黄油、盐以外）混合搅拌至稍具光滑状，再加入黄油和盐搅拌，搅拌好的面团能拉出手套膜且面团光滑无颗粒，再松弛 30 分钟。

③将松弛好的面团分割成70克/份的小剂子，排气、滚圆，松弛30分钟。

④将面团按扁后包入自己想要的馅料，包好的面团底部收严捏紧，收口朝上放入模具进行最后发酵（如果不包馅，可以再次滚圆后底部朝上放入模具）。

⑤发酵至模具九分满后，在模具上盖上烤盘，再放上重物压住。

⑥将烤箱预热，以上火170℃、下火190℃烘烤15～18分钟出炉，可根据烤箱自行调整。

⑦出炉后迅速倒扣脱模，冷却后在表面撒防潮糖粉装饰或切成片错开位置，再点缀彩色糖果装饰成圣诞树。

（3）风味特点：色泽金棕，八角造型，松软香甜。

5. 指点迷津

（1）佛卡夏中的橄榄油不可与酵母混合，否则会阻止酵母吸水活化，影响发酵效果。

（2）佛卡夏成形时用手指扎的孔不可太密，否则影响面团烘烤时的膨胀。

（3）在面包棒表面刷牛奶是为了使表面更加光亮。

（4）潘娜托尼中的坚果碎可以选择开心果、榛子、杏仁、核桃等。

（5）潘娜托尼表面的蛋白霜比例：蛋白35克、糖粉40克。

（6）潘多洛烘烤时必须用厚重平整的用具压住模具，保证产品烤出来的外观平整。

6. 任务评价

通过本任务的学习，填写任务评价表，如表6-14所示。

表6-14 任务评价表

项目	自我评价			小组评价	教师评价
	A	B	C		
市场调研同类产品					
实践任务					

7. 学习与巩固

（1）佛卡夏在________非常流行，人们通常用________和________来调味，被广泛用于制作三明治。

（2）佛卡夏可以说是意大利非常古老的一款________，起源于意大利________，它是世界闻名的________。

（3）潘娜托尼始于意大利北部的米兰，是________著名的甜点，从诞生至今已经________多年了，________时吃潘娜托尼成为一种传统。

（4）潘娜托尼烤完后取出底部横插竹签，________冷却12小时。

（5）面包棒，也被称作 ________、________、阿拉棒等。虽然它看起来很像一种棍形饼干，但其实是一种 ________，是需要加入 ________ 制作的。

（6）面包棒常与 ________、蒜蓉酱、意大利干酪等搭配，就着热汤、各式蘸酱作为 ________，一般常见于酒吧，餐厅，还可作为酒店大型宴会或西式套餐的 ________。

（7）潘多洛原名是 Panedeoro，就是“________”的意思，来自意大利北部的美食重镇、爱情之都 ________。

（8）制作潘多洛时必须使用一种造型特殊的八角烤模，烤后的成品外观呈 ________，棱角分明，造型独特。它与潘娜托尼并称“________”。

任务 6.5　德国面包制作

1. 任务目标

（1）了解德国面包的代表品种。

（2）掌握德国面包代表品种的历史渊源。

（3）掌握德国面包代表品种的制作方法。

2. 知识学习

德国面包的历史至今已有 800 余年，有 3000 多个品种，许多品种已传承数百年，差不多所有城镇都各有其独特的面包品种，因此德国拥有“世界面包之王”的美誉。

德国面包品种繁多，如被大众熟知的碱水包、面包卷、牛奶卷、全谷物面包、葵花籽面包等。面包除口味和外形各具特色外，吃法也有差别，有的面包搭配奶酪，有的搭配果酱，碱水包则是搭配慕尼黑啤酒厂的啤酒。

2014 年 12 月，德国面包文化申遗成功，面包文化被列入世界非物质文化遗产名录，德国面包以丰富的种类和独特的配方逐渐被人们熟知。

德国拥有世界上第一家面包博物馆，它是由企业家维利・艾泽伦于 1955 年发起创建的。馆内拥有 1.8 万件藏品，直观地向人们展示了面包的历史、古今面包的制作工艺、民间习俗和世界各地不同的吃面包习惯，以及对人类文明与饮食文化的影响。

德国人对面包情有独钟，面包不仅是德国人一日三餐中必不可少的主食，在不同时段还有不同的叫法，早餐、午餐的面包被称为“碎面包”，晚餐的面包被称为“晚上的面包”。德国年人均面包消耗量居欧洲第一，将近 90 千克。

在此对德国面包的两款代表品种史多伦（Stollen）和黑麦酸面包（Rye Sour Bread）进行介绍。

1）史多伦

史多伦（见图 6-17 和图 6-18）是一款在德国有着悠久历史的传统圣诞面包，可以追溯到 1474 年，并且从 1994 年开始拥有了独立的节日。德累斯顿每年降临节第二个星期的星期六为德式圣诞蛋糕节（Stollenfest），用一辆大平板车装着重达 3 ～ 4 吨的史多伦，和游行队伍一起穿过市区的大街小巷，到达耶诞节市场，之后再举办夸张的切割仪式。

图 6-17　史多伦半成品

图 6-18　史多伦成品

史多伦这个名字来源于古普鲁士语 Strüzel 或 Stroczel，也就是“一块面包”的意思，面包的外观形状据说是模仿襁褓里的耶稣，后期还发明了专门制作史多伦的面包模具，从而实现形状的统一和美观。

早期的史多伦其实并不好吃，特别硬，里面没有黄油，添加料也较少，因为降临节期间是教徒们的节食期，食品中是不能添加黄油的。后来教徒们经过了长达 40 多年的斗争才取得了在面包中加黄油的权利，但是必须要交“黄油税”，并用交的黄油税来建造教堂。

史多伦的制作比较复杂和费时，秋收之后就要开始准备，将葡萄干、蔓越莓干及各种杂果皮等用朗姆酒浸泡好几个月，等到圣诞节前夕制作面包时使用。

史多伦能存放一个月左右，因为烘烤完降温后会在清黄油中浸泡，然后将整个面包裹上防潮糖粉，让其完全与外界的空气、细菌等隔离，利用糖的天然防腐能力使保质期特别长。所以，德国家庭一般都是在圣诞节前的两三周购买史多伦，慢慢品尝它的风味。

2）黑麦酸面包

黑麦酸面包（见图 6-19）又称黑面包，起源于欧洲中部地区，是用黑麦面粉做成的，是全麦面包的一种。黑麦酸面包最初源于德国，后来逐渐成为芬兰、丹麦等北欧国家最主要的面包品种。公元 6 世纪，黑麦酸面包由丹麦人传入英国。

黑麦酸面包富含丰富的膳食纤维，口味带点咸，有点酸，口感粗糙，消化速度慢，饱腹感极强。和白面包相比，黑麦酸面包颜色更深，含有的膳食纤维和铁元素更多。黑麦酸面包的面团中加入了老面，这就使它的味道更丰富、保质期更长，被德国人视为减肥神器。

纯正的黑麦酸面包是在 16 世纪德国西法利亚邦的饥荒期间出现的。黑麦酸面包中的标志性酸味来自酸酵种。

图 6-19 黑麦酸面包

黑麦在收成前就已经发芽，导致淀粉酶无比活跃，而且非常耐高温，在揉制和烘烤过程中会持续破坏本就脆弱的面筋网络。为了改善口感，在面团中加入酸酵种，利用更多的酸性物质来控制淀粉酶的分解，从而让面团更松软和富有弹性。

3. 任务导入

初步掌握德国面包的历史背景和代表品种，能够根据配方和操作步骤制作史多伦和黑麦酸面包。

4. 任务实施

1）史多伦

（1）产品配方。史多伦的配方如表 6-15 所示。

表 6-15 史多伦的配方

原料名称	数量	原料名称	数量
中种面团		面包	
高筋面粉	125 克	高筋面粉	125 克
牛奶	100 克	扁桃仁粉	20 克
耐高糖干酵母	5 克	黄油	80 克
装饰		鸡蛋	60 克
黄油	200 克	砂糖	35 克
防潮糖粉	30 克	盐	3 克
		混合果干	85 克
		混合坚果	25 克
		朗姆酒	20 克

（2）操作步骤具体如下。

①将混合果干稍微切碎，提前一天用朗姆酒浸泡；将混合坚果切成碎粒。

②将牛奶加入耐高糖干酵母中静置片刻，再加入高筋面粉，搅拌成光滑的面团。

③将面团在室温下发酵大约 45 分钟，发酵至 2 倍大即可。

④将黄油隔水加热溶化成液态。

⑤将鸡蛋、砂糖和盐混合均匀后，加入黄油中备用。

⑥将高筋面粉、扁桃仁粉放入缸中，加入中种面团和混合液，搅拌成光滑滋润的面团，可以拉出手套膜即可。

⑦将酒渍果干和坚果碎放入面团中搅拌均匀，取出放在烤盘上，在室温下直接松弛发酵大约 1 小时，发酵至 2 倍大。

⑧将面团分割成为大小均等的 4 个，分别滚圆，盖保鲜膜松弛 15 分钟。

⑨取一个面团拍扁排气，擀成椭圆形，将上半部分的 1/3 擀薄，然后向下对折，两端不要对齐，上面的一半稍短，用擀面杖在中间部分用力压出印痕，这样整形就完成了。

⑩依次完成 4 个生坯，放入烤盘中，在温度 35℃、湿度 75% 的醒发箱中醒发大约 45 分钟，发酵至 2 倍大取出。

⑪ 放入烤箱，以上火 180℃、下火 180℃烘烤约 25 分钟，如果表面上色快，加盖锡纸。

⑫ 出炉后立即取出移至冷却架上，趁热在表面刷薄薄一层液态黄油，待彻底冷却后在表面筛上防潮糖粉。

（3）风味特点：表面色泽雪白，造型独特，口感香甜，果香浓郁。

2）黑麦酸面包

（1）产品配方。黑麦酸面包的配方如表 6-16 所示。

表 6-16　黑麦酸面包的配方

原料名称	数　量	原料名称	数　量
高筋面粉	400 克	啤酒	375 克
黑麦面粉	100 克	葡萄干	100 克
酵母	5 克	酸种老面	100 克
盐	10 克		

（2）操作步骤具体如下。

①将高筋面粉、酵母、黑麦面粉、酸种老面混合均匀，加入啤酒，先慢速搅拌 3 分钟至没有干粉，再快速搅拌成面团；待面团搅拌至不黏缸时加入盐，继续搅拌至面团光滑，可以拉出手套膜即可。

②放入洗净的葡萄干，慢速搅拌均匀。

③将搅拌好的面团取出，放入发酵盒，盖好保鲜膜，常温醒发 30 分钟；将面团翻面，盖好，继续常温醒发 30 分钟左右。要想获得更丰富的味道，可以将醒发后的面团冷藏 14 小时，整形前 1 小时取出，置于室温。

④将醒发好的面团分成 500 克 / 份的剂子，揉圆，用保鲜膜盖好，松弛 30 分钟左右。

⑤先向发酵盒内撒黑麦面粉，再将面团滚圆后做成椭圆形，收口朝上放入发酵盒中。

⑥将面团盖好，继续常温醒发 1 小时左右，将发酵好的面包坯翻扣在耐高温布上。

⑦用锋利的小刀在每个面团的顶部割开三刀，要求刀口与表面倾斜 45°，深度为 3 ～ 5 毫米。

⑧将面团放入烤箱后立刻喷蒸气 4 秒，以上火 250℃、下火 210℃烘烤 25 分钟左右。

⑨将面包取出，放冷却架上使其完全冷却。

（3）风味特点：色泽棕黑，结构硬实，麦香味浓郁，味道微酸，耐嚼易饱腹。

5. 指导迷津

（1）酸种老面的制作：高筋面粉 50 克、水 50 克、酵母 1 克。将三者搅拌均匀，先在室温下发酵 8 ～ 12 小时，中途多次搅拌，发酵至味道变酸，再入冰箱冷藏，随用随取随补。

（2）烘烤的注意事项：黑麦酸面包烘烤时须有充足的蒸气，以促进硬脆表皮的形成。若烤箱没有蒸气装置，可通过向面包坯表面喷水、炉内喷水等方式增加湿度。高温烘烤有助于形成风味和表皮厚度。

6. 任务评价

通过本任务的学习，填写任务评价表，如表 6-17 所示。

表 6-17　任务评价表

项　目	自我评价			小组评价	教师评价
	A	B	C		
市场调研					
同类产品					
实践任务					

7. 学习与巩固

（1）史多伦是一款在德国有着悠久历史的传统 ________。

（2）史多伦能存放 ________ 左右，利用糖的 ________ 使保质期特别长。

（3）黑麦酸面包又称 ________，起源于欧洲中部地区，是用 ________ 做成的，是全麦面包的一种。

（4）黑麦在收成前就已经发芽，导致 ________ 无比活跃。为了改善口感，在面团中加入 ________，利用更多的酸性物质来控制淀粉酶的分解，从而让面团更 ________。

任务 6.6　英国面包制作

1. 任务目标

（1）了解英国面包的代表品种。

（2）掌握英国面包代表品种的历史渊源。

（3）掌握英国面包代表品种的制作方法。

2. 知识学习

英国面包的生产技术是中世纪由罗马传入的。谷物是当时重要的主食，主要包括大麦、黑麦和燕麦。随着面包生产技术的日渐成熟，面包的品种日益增多，成为餐桌上的主角。之后，英国面包的生产技术快速发展，超越了其他欧洲国家。

18 世纪中期到 19 世纪初，英国成为世界上第一个完成工业革命的国家，发明了很多面包机械，使面包的生产技术日益成熟、生产力大大提高，从而加速了欧洲人从最初只能吃粗糙的黑面包到食用白面包的进程。

三明治起源于 18 世纪的英国。英国是最早制造各种面包机械的国家，当时已有可以将面包切片的机械问世，各种超市和面包店都会销售加工好的面包片。那时有一位名叫约翰·蒙塔古的贵族，经常与朋友们一起打牌娱乐，为了一边玩一边进食，就让人在两片面包之间夹点肉。他的朋友们看到这样吃东西既方便又美味，争相效仿，逐渐传播开来。约翰·蒙塔古也因此被称为第四代三明治伯爵。这种粗制的三明治改变了欧美人的饮食习惯，后来风靡全世界并得到更大的发展。

英国面包的代表品种是英式吐司、面包卷（虎皮卷、洋葱芝士卷、谷物卷）、司康饼（Scone）、切尔西面包（Chelsea Bun）、复活节十字面包、香蕉面包、英式玛芬、马思林面包等。

以下选取英式面包的两款代表品种司康饼和切尔西面包进行着重介绍。

1）司康饼

司康饼（见图 6-20 和图 6-21）又叫英国松饼、烤饼或司康，是一款英式快速面包，也是英式下午茶的主角。

图 6-20　司康饼

图 6-21　多口味司康饼

司康饼是以小麦粉或燕麦面粉为主要原料，通过加入发酵粉和酵母从而实现快速发酵而制成的饼点。相比于那种加入酵母和鸡蛋的长时间发酵的传统面包，其缩短了很多时间。

司康饼有甜、咸两种，有些司康饼里会加入葡萄干、芝士、火腿等。司康饼比饼干软，比面包硬，口感外酥内软，表面有湿度，气孔均匀细腻，颜色为淡黄色。

传统的司康饼是三角形的，如今小麦面粉取代了燕麦面粉，形状也由一成不变的三角形变成了圆形、方形或菱形等。一般英国人吃司康饼时比较讲究，要从中间切开，并且在切开的部分抹上果酱或奶油，吃一口抹一口，这是一种礼仪。司康饼是英式下午茶中必不可少的一种食物。

司康饼最好是趁热吃，吃一口温软的司康饼，搭配咖啡或红茶，给味蕾多层次的刺激，口味超级棒。

2）切尔西面包

切尔西面包（见图 6-22）又叫螺旋果子面包，也叫切尔西葡萄干圆面包，它还加入了肉桂和混合香料，是英国最古老的传统面包之一，通常在早餐和下午茶时食用。

图 6-22　切尔西面包

切尔西面包在 18 世纪诞生于伦敦切尔西一家名为“老切尔西面包房”的店里，老板给这款用香料调味的水果面包起名为“面包船长”。老切尔西面包房发展到鼎盛时期时深受上流社会的喜爱，很多人在店外排队，等着品尝新鲜出炉的面包，连国王乔治二世和乔治三世都常常光顾，现在这家店已不复存在。

切尔西面包的制作方法非常简单，用发酵面团制作，以牛奶和干酵母来发面，通常会加入肉桂或肉豆蔻之类的香料、糖和干果子。越是简单的东西越能经得起时间的考验。

3. 任务导入

初步掌握英国面包的历史背景和代表品种，能够根据配方和操作步骤制作司康饼和切尔西面包。

4. 任务实施

1）司康饼

（1）产品配方。司康饼的配方如表 6-18 所示。

表 6-18　司康饼的配方

原料名称	数　量	原料名称	数　量
甜味司康饼		咸味司康饼	
高筋面粉	250 克	高筋面粉	250 克
砂糖	70 克	砂糖	25 克
鸡蛋	75 克	鸡蛋	50 克
发酵粉	10 克	干酵母	5 克
黄油	40 克	黄油	60 克
牛奶	125 克	牛奶	120 克
盐	1 克	盐	3 克
葡萄干	50 克	火腿肠	50 克

（2）操作步骤具体如下。

①将高筋面粉过筛，加入发酵粉或干酵母，放在台上，开成一个大圆圈。

②将黄油、砂糖和盐放在圆圈中间搅拌均匀，再加入鸡蛋和牛奶混合均匀，搅拌成浆料。

③将葡萄干或火腿肠粒放在浆料中拌匀。

④将面粉与这些浆料慢慢搅拌均匀，再揉成面团，即司康饼面团。

⑤用擀面杖将面团擀成 1 厘米厚的大片，选用一只直径 5 厘米的平口圆印模，压成圆形司康饼，码入烤盘中，松弛 20 分钟。

⑥在司康饼表面刷上少许鸡蛋液，送入烤箱以上火 200℃、下火 200℃烘烤 15 ～ 20 分钟，表面成淡黄色即可出炉。

（3）风味特点：色泽淡黄，酥松香甜，造型多样，果香浓郁。

2）切尔西面包

（1）产品配方。切尔西面包的配方如表6-19所示。

表6-19 切尔西面包的配方

原料名称	数量	原料名称	数量
汤种		面包	
高筋面粉	15克	高筋面粉	260克
水	75克	砂糖	40克
馅心		牛奶	70克
黄油	15克	黄油	30克
肉桂粉	3克	干酵母	4克
黑葡萄干	80克	鸡蛋	50克
太古黄糖	15克	盐	3克
装饰			
蜂蜜	30克		

（2）操作步骤具体如下。

①先制作汤种：将水烧至65℃以上（或水冒泡），离火，倒入高筋面粉搅拌，至无白色粉粒，冷却。

②将高筋面粉、干酵母、砂糖、牛奶、鸡蛋一起搅拌均匀成面团后，分别加入盐和黄油搅拌均匀，揉至扩展阶段，取出放温暖处松弛20分钟。

③将松弛后的面团擀成0.5厘米厚的长方形片，底边略薄，刷上溶化的黄油后（底边接口处不刷油），均匀地撒上太古黄糖，然后放上黑葡萄干和肉桂粉，并用手轻按几下。

④将面团自上而下卷起来，底边捏紧，平均分成9份，码入耐高温纸托中，表面盖上塑料布或保鲜膜，保湿保温。

⑤在温暖湿润处进行最后发酵，使体积膨胀至1.5倍。

⑥发酵结束后，送入预热的烤箱内，以上火200°、下火180℃烘烤15～20分钟，至表面金黄色即可。

⑦出炉后立即脱模，温热时在表面刷蜂蜜。

（3）风味特点：色泽金黄，松软香甜，外形美观，果香浓郁。

5. 任务评价

通过本任务的学习，填写任务评价表，如表6-20所示。

表 6-20 任务评价表

项　目	自 我 评 价			小 组 评 价	教 师 评 价
	A	B	C		
市场调研同类产品					
实践任务					

6. 学习与巩固

（1）司康饼又叫 ________、烤饼或司康，是一款英式 ________，也是英式 ________ 的主角。

（2）司康饼有 ________、________ 两种，比饼干软，比面包硬，口感 ________，表面有湿度，气孔 ________，颜色为淡黄色。

（3）切尔西面包又叫 ________ 面包，也叫切尔西葡萄干圆面包，是英国最古老的 ________ 之一，通常在 ________ 和下午茶时食用。

（4）切尔西面包在 18 世纪诞生于伦敦切尔西一家名为“________”的店里，老板给这款用香料调味的水果面包起名为“________”。